奇异海岛

丛溪　陈娟◎主编

文稿编撰/刘迅　吴欣欣　王青
图片统筹/韩洪祥

中国海洋大学出版社
·青岛·

普及海洋知识

迎接蓝色世纪

文圣常

二〇二一年三月

中国科学院资深院士、著名物理海洋学家文圣常先生题词

畅游蔚蓝海洋　共创美好未来

—— 出版者的话

海洋，生命的摇篮，人类生存与发展的希望；她，孕育着经济的繁荣，见证着社会的发展，承载着人类的文明。步入21世纪，"开发海洋、利用海洋、保护海洋"成为响遍全球的号角和声势浩大的行动，中国——一个有着悠久海洋开发和利用历史的濒海大国，正在致力于走进世界海洋强国之列。在"十二五"规划开局之年，在唱响蓝色经济的今天，为了引导读者，特别是广大青少年更好地认识和了解海洋、增强利用和保护海洋的意识，鼓励更多的海洋爱好者投身于海洋开发和科教事业，以海洋类图书为出版特色的中国海洋大学出版社，依托中国海洋大学的学科和人才优势，倾力打造并推出这套"畅游海洋科普丛书"。

中国海洋大学是我国"211工程"和"985工程"重点建设高校之一，不仅肩负着为祖国培养海洋科教人才的使命，也担负着海洋科学普及教育的重任。为了打造好"畅游海洋科普丛书"，知名海洋学家、中国海洋大学校长吴德星教授担任丛书总主编；著名海洋学家文圣常院士、管华诗院士、冯士筰院士和著名海洋管理专家王曙光教授欣然担任丛书顾问；丛书各册的主编均为相关学科的专家、学者。他们以强烈的社会责任感、严谨的科学精神、朴实又不失优美的文笔编撰了丛书。

作为海洋知识的科普读物，本套丛书具有如下两个极其鲜明的特点。

丰富宏阔的内容

丛书共10个分册，以海洋学科最新研究成果及翔实的资料为基础，从不同视角，多侧面、多层次、全方位介绍了海洋各领域的基础知识，向读者朋友们呈现了一幅宏阔的海洋画卷。《初识海洋》引你进入海洋，形成关于海洋的初步印象；《海洋生物》《探秘海底》让你尽情领略海洋资源的丰饶；《壮美极地》向你展示极地的雄姿；《海战风云》《航海探险》《船舶胜览》为你历数古今著名海上战事、航海探险人物、船舶与人类发展的关系；《奇异海岛》《魅力港城》向你尽显海岛的奇异与港城的魅力；《海洋科教》则向你呈现人类认识海洋、探索海洋历程中作出重大贡献的人物、机构及世界重大科考成果。

新颖独特的编创

本丛书以简约的文字配以大量精美的图片，图文相辅相成，使读者朋友在阅读文字的同时有一种视觉享受，如身临其境，在"畅游"的愉悦中了解海洋……

海之魅力，在于有容；蓝色经济、蓝色情怀、蓝色的梦！这套丛书承载了海洋学家和海洋工作者们对海洋的认知和诠释、对读者朋友的期望和祝愿。

我们深知，好书是用心做出来的。当我们把这套凝聚着策划者之心、组织者之心、编撰者之心、设计者之心、编辑者之心等多颗虔诚之心的"畅游海洋科普丛书"呈献给读者朋友们的时候，我们有些许忐忑，但更有几许期待。我们希望这套丛书能给那些向往大海、热爱大海的人们以惊喜和收获，希望能对我国的海洋科普事业作出一点贡献。

愿读者朋友们喜爱"畅游海洋科普丛书"，在海洋领域里大有作为！

你心目中的海岛是怎样的？美丽悠然的——"蓝天白云，椰林树影，水清沙白"？自由自在的——散布于蔚蓝海面，"遗世而独立"？休闲放松的——体验独特风俗民情，释放心中藏匿的压力，放逐自我的度假天堂？……没错，这就是海岛！无论是小丑鱼尼莫的故乡大堡礁，热情好客的夏威夷岛，还是充满美丽传说的西西里岛，无一例外都是美妙绝伦，纯净悠然，但是，这并不是海岛的全部。

海岛，方寸间，自成一片独特的天地。这里有无尽的宝藏：香料、宝石、黄金、珍珠、海产……这里奇趣盎然：密克罗尼西亚群岛何以被称为"女儿国"？巴芬岛上果真可以一睹独角兽真容？加拉帕戈斯群岛如何

前言 PREFACE

激发了达尔文《物种起源》的灵感？……这里谜团重重：幽灵岛为何神出鬼没？复活节岛数百尊石像又是从何而来？鲁宾逊漂流到过的小岛果真存在吗？……

打开《奇异海岛》，诸多海岛定会令你目不暇接、赞叹不已！

奇异海岛

006

目 录 CONTENTS

008

目录 CONTENTS

认识海岛

Invitation to Islands

在烟波浩渺的海洋中，散布着数以万计的海岛，它们有的被厚厚的冰雪覆盖，有的布满奇形怪状的岩石，有的上面是郁郁葱葱的雨林，有的火山还在喷发……

你对海岛了解多少呢？海岛，多彩而奇异。认识海岛，一睹面纱下的芳容。

认识海岛

我们生活的"蓝色星球",71％为海洋覆盖。浩渺烟波之上,海岛形态各异,星罗棋布,总数达5万以上,总面积990多万平方千米。

何为海岛

1982年《联合国海洋法公约》第121条规定："岛屿是四面环水并在高潮时高于水面的自然形成的陆地区域。"一般认为，海岛就是被海水包围的陆地。

海岛有哪些种类

从成因上讲，自然形成的海岛可分为两大类：大陆岛和海洋岛。

大陆岛分布在大陆外缘，在地质构造上与大陆相连，由于地壳断裂沉陷、张裂等运动以及全球气候变暖、海面上升等原因，四周被水包围形成海岛。中国的台湾岛、海南岛，非洲的马达加斯加岛，世界第一大岛格陵兰岛，北冰洋的众多岛屿等都是典型的大陆岛。

海洋岛并不依附大陆，包括火山岛、珊瑚岛和冲积岛三类。由海底火山喷发形成的岛屿为火山岛，如夏威夷群岛。由珊瑚虫分泌物和遗骸累积而成的岛屿为珊瑚岛，如澳大利亚东北部的大堡礁。携带泥沙的河流入海后，在海水动力作用下泥沙沉淀堆积而成的岛屿称为冲积岛，如中国长江口的崇明岛。

除了自然形成的海岛，还有人工建造的海岛，即人工岛。人工建造的海岛一般是以小岛或暗礁为基础建造的，有时仅扩大已有的小岛、暗礁，有时则把几个自然小岛连接起来，属于填海造岛。迪拜人工岛群是全球最大的人工岛，曾经的美国移民隔离中心爱丽丝岛以及为1967年世博会而建的加拿大蒙特利尔圣母岛也都是著名的人工岛。

↑费尔南多–迪诺罗尼亚群岛

　　按照分布形态，海岛则可分为群岛和岛。群岛是指彼此距离很近的岛屿构成的群体。若群岛的排列呈线形或弧形，则称为列岛或岛弧。世界上主要的群岛有50多个，在四大洋中均有分布，以太平洋中的群岛为最多（19个）。

海岛是战略国土

　　海岛及其周围蕴藏着丰富的生物、矿产、空间和旅游资源，是沿海各国经济和社会可持续发展的重要保障。所以，海岛又被称为"战略国土"，在国家政治、经济和国防安全中具有极为重要的战略地位。

　　1982年《联合国海洋法公约》出台之后，岛礁价值出现了所谓的"茶壶盖"效应，即岛礁虽小，却好比茶壶盖的顶把，可以牵出巨大的"茶壶盖"。《联合国海洋法公约》规定，海岛是确定领海基线的重要依据，是划分领海、专属经济区和大陆架的重要基点。海岛在国家海洋权益中的作用不容忽视。

　　此外，每个海岛都是一个独立而完整的生态系统。由于海岛面积狭小、地域结构简单、生物多样性相对较少，其生态系统十分脆弱，海岛生态系统的保护对国家生态系统安全、抵御自然灾害都有重大意义。

世界海岛知多少

　　全球岛屿总数达5万以上，总面积990多万平方千米，七大洲中均有分布，北美洲的岛屿总面积最大，达410万平方千米；南极洲的岛屿总面积最小，约7万平方千米。

世界上最大的岛屿——格陵兰岛

　　格陵兰岛位于北美洲东北部，北冰洋与大西洋之间，面积达217.5万平方千米。世界第二大岛新几内亚岛（又称伊里安岛）的面积只有它的1/3。格陵兰岛，意为"绿色的土地"，但实际上，那里极其严寒，最低温度达到−70℃，是地球上仅次于南极洲的第二个"寒极"。格陵兰岛的4/5处在北极圈内，其81%被巨厚的冰雪覆盖，冰雪的总容积达260万立方千米，假如这些冰雪全部融化并流入海洋，全球海平面就会整体升高6.5米！格陵兰岛全靠这厚厚的冰雪，才高耸于海面之上。

格陵兰岛迪斯湾冰山

奇异海岛

世界上最大的群岛——马来群岛

马来群岛又称南洋群岛，位于亚洲东南部，太平洋与印度洋之间，由大巽他群岛、小巽他群岛、菲律宾群岛、马鲁古群岛、西南群岛和东南群岛组成，大小岛屿2万多个，其中加里曼丹岛、苏门答腊岛以及爪哇岛等几个大的岛屿属于大巽他群岛。它们沿赤道延伸6 100千米，南北最大宽度3 500千米，总面积约242.7万平方千米。

世界上最小的群岛——托克劳群岛

托克劳群岛，又称"联合群岛"，位于南太平洋萨摩亚群岛以北480千米、夏威夷西南3 900千米处。它由阿塔富、努库诺努和法考福3个珊瑚岛组成，陆地面积仅有12平方千米，称得上是"袖珍群岛"。

世界上最大的人工海岛群——迪拜"世界岛"

阿联酋迪拜目前正在打造世界上最大的人工海岛群，模仿世界轮廓，用300个人工岛屿组成一个微缩版地球。迪拜"世界岛"上建有酒店以及各类休闲旅游设施。

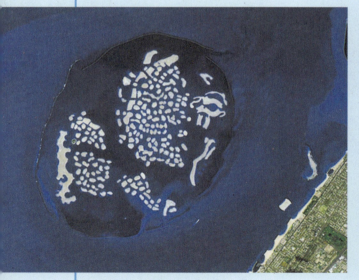

↑托克劳群岛

舟山群岛之普陀山

中国海岛知多少

中国是个岛屿众多的国家，分布在沿海，面积500平方米以上的海岛达6 500多个，总面积8万多平方千米，岛屿的岸线总长度达1.4万多千米，散落在中国沿海的各个海域，其中90%分布在东海和南海。

黄海主要有长山群岛，它由32个岛屿组成，不仅林业资源丰富，而且盛产鱼类、海参、牡蛎等，是黄海北部的重要渔业基地。

↑长山群岛之鸟岛

奇异海岛

008

↑西沙群岛之琛航岛

↑南碇岛是一座椭球形的火山岛，隶属于福建省。它是目前已知世界上最大的玄武岩石柱群组成的海岛，被称为"漂浮在海上的石林"。

东海是中国岛屿最多的海域，其中的舟山群岛为中国第一大群岛。舟山群岛岛礁众多，星罗棋布，共有大小岛屿1 300多个，约占中国海岛总数的20%。

南海有东沙群岛、中沙群岛、西沙群岛和南沙群岛，统称南海诸岛。其中东沙群岛由东沙岛和附近几个珊瑚暗礁、暗滩组成；西沙群岛由多个沙岛、礁岛、沙洲和礁滩组成，以沙岛为主；中沙群岛由多个暗沙和暗滩组成，一般低于海面10～20米；南沙群岛由多座沙岛、礁岛、沙洲、礁滩等组成，其中曾母暗沙位于中国领土最南端。

中国海岛众多，各具特色，例如，最年轻的火山岛涠洲岛、最大的石柱群海岛南碇岛、最有草原意境的海岛大嵛山岛等。

↓涠洲岛位于广西北海市正南21海里的北部湾内，是中国最大、地质年龄最年轻的火山岛。海岸基岩有海蚀洞、海蚀沟、海蚀蘑菇等奇妙地貌，被称为"水火雕塑的作品"。

风光之岛

Scenic Islands

英国诗人济慈曾说："美即是真，真即是美。"

海岛，孤立于海上，小小的陆地为广阔的海域环绕，任凭外界纷纷扰扰，海岛兀自心安。

满满的阳光、软软的沙滩、蓝蓝的天空、清清的海水、独特的文化……在这里，时间似乎搁浅，悠然的气韵徐徐绽放开来……

巴厘岛——天堂之岛

南纬8°的艳阳下，一座海岛静静地被印度洋包围，迷人地蹈步于湛蓝海波之上——巴厘岛！

巴厘岛，位于印度洋赤道以南，爪哇岛东部，属印度尼西亚，距首都雅加达1 000多千米，与爪哇岛之间仅有3 200米宽的海峡相隔；全岛总面积5 632平方千米，人口约390万；典型的热带雨林气候，日照充足，年降水量约1 500毫米，一般分为两季：4～10月为干季，11月～次年3月为雨季。东高西低，山脉横贯，有10余座火山锥，东部的阿贡火山海拔3 142米，是全岛最高峰。

情迷巴厘

它是"花之岛""南海乐园""神仙岛",是"罗曼斯岛""绮丽之岛""天堂之岛",众多美称的背后,不变的是巴厘岛的迷人风光。

椰影下,农舍炊烟袅袅;碧空下,海浪沙滩窃窃私语;余晖中,晚霞波光相互交融……巴厘岛上,万物达到极致,恍若自然的宠儿,安然飘落人间。

库塔海滩

库塔海滩堪称巴厘岛最美丽的海滩。这里的海滩平坦,沙粒洁白细腻,碧蓝的天空,朵朵的白云,与其倒影遥相呼应,如同山水画的写意自然。库塔海域还是玩冲浪、滑板的乐园呢!

金巴兰海滩

金巴兰海滩是世界十大美丽落日景点之一。日落时分,海面的天空变得瑰丽无比:所有色彩,泼墨于天际,酣畅淋漓,如同对上苍光与影的献祭。落日熔金,踱着步子,却毫不迟疑地沉入印度洋,不再耀眼的余晖铺陈于波光粼粼的海面,海水共长天一色,温柔凝重,令人冥思。

荷兰纠纷

　　1588年，巴厘岛迎来了第一批西方人。据说，3位荷兰航海者因船只失事登陆海岛。有趣的是，后来能够搭船回国时却只有1人愿意回去，巴厘岛的魅力可见一斑。

　　20世纪初，荷兰人继征服爪哇岛、苏门答腊岛之后，决定征服巴厘岛，巴厘岛土著人在抗争无效之后，选择大规模集体自杀，1906年登巴萨王室贵族几乎全部自杀于荷兰军队面前（现在登巴萨市政广场的纪念碑即为纪念此事件而立）。自杀事件传到欧洲后引发震惊，迫使殖民者实行较为人道的统治，巴厘岛的传统文化特色才得以保存流传。

↑海神庙

巴厘印度教

巴厘岛是印度尼西亚唯一信奉印度教的地区，但这里的印度教有别于印度本土的印度教，是印度教教义和巴厘岛风俗习惯的结晶，即巴厘印度教。居民主要供奉三大天神（梵天、毗湿奴、湿婆）和佛教的释迦牟尼，还祭拜太阳神、水神、火神、风神等。教徒家里都设有家庙，家族组成的社区有神庙，村有村庙，全岛约有寺庙12.5万座，因此，该岛又有"千寺之岛"之美称。

↑布基萨寺

庙　宇

布基萨寺，被称为"万寺之母"，是巴厘岛上寺庙的代表。此寺建在阿贡火山（巴厘印度教的圣山，据巴厘神话，这座山是"世界的中心"）的山坡上，以专祀火山之神。

海神庙，传说是为求镇住神龟而建的。此庙坐落于海边一块巨大的岩石上，涨潮时，四周环绕海水，和陆地完全隔离。落潮时方可与陆地相通。

火　葬

受其宗教影响，巴厘岛人对死亡有自己的理解，他们的习俗是庆祝死亡。巴厘岛人死后，按习俗都要举行火葬，因此这里的火葬葬仪非常隆重，这也是巴厘岛奇观之一。

神　像

在巴厘岛，不管是城市还是农村，几乎家家供奉神龛，少则一两个，多的有10余个。在

当地人心目中，神的形象可来自个人的想象和喜爱，可以是老虎、大象、猴子等动物，也可以是人与动物的结合体，因此巴厘岛各地的神像雕刻千面百孔、神态各异，充满丰富的想象力和艺术创造力。

艺术之岛

　　巴厘岛上处处可见木石的精美雕像和浮雕，因此，该岛又有"艺术之岛"之美誉。玛斯是该岛著名的木雕中心。

　　巴厘人的古典舞蹈典雅多姿，是印尼民族舞蹈中的奇葩，在世界舞蹈艺术中具有独特的地位。其中，狮子与剑舞最具代表性。

　　巴厘人的绘画别具一格，大都是用胶和矿物颜料画在粗麻布或白帆布上，主题取材于田园风光和人们生活习俗，具有浓郁的地方色彩。位于岛中部的乌穆是绘画中心，博物馆内保存着许多历史文物和巨幅绘画。

冰岛——冰火两重天

这里有厚重冰川，亦有火山、温泉，真正的冰火两重天。

冰岛为欧洲第二大岛，面积为10.3万平方千米，人口约32万。它位于北大西洋中部，北边紧贴北极圈，其海岸线长约4 970千米。整个冰岛是个碗状高地，四周为海岸山脉，中间为一高原，大部分是台地；南部属于温带海洋性气候，北部属于苔原气候，受北大西洋暖流影响，气候较同纬度其他地区温和。

冰火之岛

　　"冰岛"，首先便令人联想起冰天雪地。的确，贴近北极圈的冰岛不乏冰川。但是，此处亦不乏"火"：火山、热泉、间歇泉比比皆是，"地球的热泪"遍地流淌。冰岛，实应称为"冰火之岛"。

　　瓦特纳冰川国家公园，位于冰岛东南部，是冰岛面积最大的国家公园及自然保护区。该公园集冰川、火山、峡谷、森林、瀑布为一体，景色壮观。山的一面是银白晶莹的冰河，另一面则有冒着热气的地热喷泉，这里是异于尘世的另一世界。

冰 川

冰岛1/8被冰川覆盖。在第四纪冰期时，全境为冰川覆盖，冰厚达700～1 000米，至今冰蚀和冰碛地貌遍布各地。其高原上分布的现代冰川，主要是盾形的冰帽冰川，也有少量的冰斗冰川，其中瓦特纳冰原面积达8 450平方千米，厚度少则几百米多则几千米，是除南极和格陵兰之外世界最大的冰川。

伫立于凛冽的空气中，放眼望去，白茫茫的冰川、异常清冽的冰湖，相互映衬，似是最原始的对白——相对无言。一瞬间，神清气爽，顿生圣洁之感。

火 山

冰岛共有火山100多座，以"极圈火岛"著称。其实，冰岛自身就是由第三纪以来海底玄武岩喷发而成。其岩浆活动至今仍很活跃，现有活火山24座，是世界上最活跃的火山地区之一，平均每5年就有一次较大规模的火山爆发。火山活动频发导致喷出熔岩量极多，平均每世纪约有40亿立方米，占世界总喷出量的1/3。

2010年4月14日，冰岛第五大冰川——埃亚菲亚德拉冰盖冰川附近一座火山爆发。喷发产生的火山烟尘导致多国大量机场关闭，航班取消，空中交通受到严重干扰。

温 泉

冰岛的热度可不仅仅指火山，它的温泉数量也是世界最多——800余处，其中碱

↑火山烟尘

↑蓝湖

性温泉达250个，平均水温75℃，最大的温泉每秒可产生200升的泉水。星罗棋布的温泉不仅给了众多旅客休闲享受的好去处，温泉和地热还为冰岛首都90%和全国70%的地区提供热源，热水通过管道到用户家中还能达到90℃，因此冰岛很少使用煤。因空气清新、无煤烟困扰，首都雷克雅未克被誉为"无烟城市"。

蓝湖是冰岛著名的地热温泉，距离雷克雅未克机场仅10分钟车程。梦幻般的蓝色湖泊嵌在深黑火山岩中，其上热气笼罩，如此美景岂容错过。这里的白色温泉泥是一大特色，它是二氧化碳泥，适于美容健体。

传奇之岛

正如它冰火两重天的性格一样，冰岛的历史充满传奇。

公元9世纪，冰岛迎来了它的第一批居民——维京海盗，当时称斯堪的纳维亚人。维京海盗十分喜爱这片土地，为了不让别人来分享自己的"口中食"，他们为这个充满生机的岛取了一个寒冷的名字冰岛（Iceland），而将终年冰雪覆盖的真正的"冰岛"取了个温馨的名字格陵兰岛（Greenland），以蒙蔽后人。光听名字，很多人难以想象冰岛其实是个美丽的地方。

有意思的是，四处掠夺的维京海盗却催生了世界上最早的议会！各路维京海盗云集冰岛之后，为了解决部落之间的争端，各部落酋长依照海盗游戏规则，于公元930年成立了冰岛公社议会，定期或不定期召开会议。议会中，参与者一律平等，原始而又民主，在世界文明史上可谓独树一帜。

冰岛民居

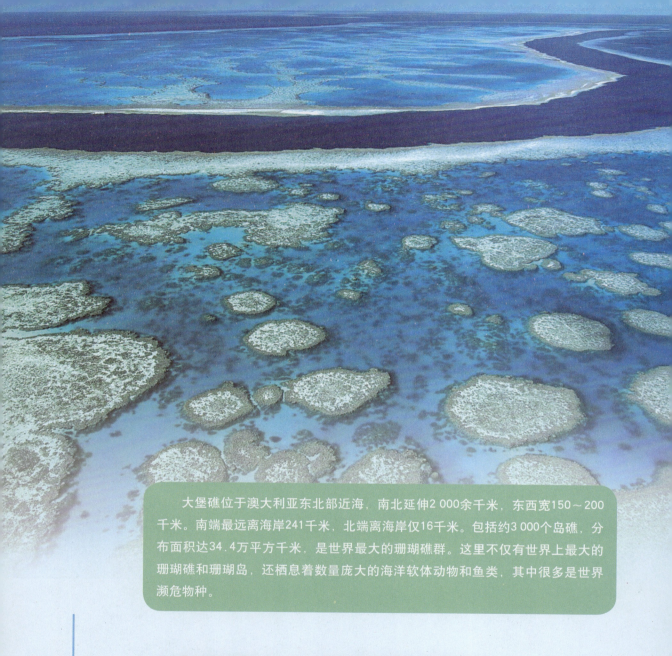

　　大堡礁位于澳大利亚东北部近海，南北延伸2 000余千米，东西宽150～200千米。南端最远离海岸241千米，北端离海岸仅16千米。包括约3 000个岛礁，分布面积达34.4万平方千米，是世界最大的珊瑚礁群。这里不仅有世界上最大的珊瑚礁和珊瑚岛，还栖息着数量庞大的海洋软体动物和鱼类，其中很多是世界濒危物种。

大堡礁 ——海中野生王国

　　大堡礁在航海笔记中留下的第一笔——"垂直耸立于深不可测海洋中的一面巨大的珊瑚墙"。（库克船长，1770年）

世界自然遗产

大堡礁由数千个相互隔离的礁体组成，落潮时，部分珊瑚礁露出水面形成珊瑚岛。大堡礁作为世界上最大最长的珊瑚礁群，早在1981年就被联合国教科文组织列为世界自然遗产。美国有线电视新闻网（CNN）把大堡礁列为世界七大自然景观奇迹之一，英国广播公司（BBC）也曾把大堡礁列为一生必去的50个地方中的第二名。

不可思议的是，营造大堡礁这般浩大"工程"的"建筑师"，竟是直径只有几毫米的珊瑚虫！

澳大利亚东北岸外大陆架海域全年水温保持在22℃～28℃，且水质洁净、透明度高，十分适合珊瑚虫繁衍生息。珊瑚虫群体生活，以浮游生物为食，珊瑚虫死后留下的遗骸——石灰质骨骼，连同珊瑚虫分泌物，逐渐与藻类、贝壳等海洋生物残骸胶结起来，堆积成珊瑚礁体。

珊瑚礁的构造过程异常缓慢，条件理想时，礁体每年也不过增厚3～4厘米。厚度已达数百米的礁岩，意味着这些"建筑师"早在2 500万年前就开始默默无闻地工作！

多彩珊瑚

大堡礁的400多个珊瑚礁群中，有300多个还有活珊瑚生息繁衍，包含359种硬珊瑚、世界上1/3的软珊瑚。

这些大堡礁群中，珊瑚礁色彩斑斓——红色、绿色、紫色和黄色等；形态各异——鹿角形、灵芝形、荷叶形、海草形等。珊瑚虫觅食时，无数珊瑚虫的触须一齐伸展，宛如百花怒放。海底因之奇幻缤纷。

↑迪斯尼动画《海底总动员》中，小丑鱼尼莫和爸爸生活的地方就是大堡礁！

活化石博物馆

　　正如澳大利亚政府为大堡礁申请世界遗产时所写："大堡礁是全世界最大的珊瑚礁群。从生态上看，它支持着人类所知道的最多样的生态系统。"的确，除珊瑚外，大堡礁也是1 500多种鱼、近4 000种软体动物、30多万只海鸟以及大量其他海洋生物的家，这里还栖息着某些濒临灭绝的动物物种（如儒艮和巨型绿龟），堪称一座天然的海洋博物馆。澳大利亚人自豪地称之为"透明清澈的海中野生王国"。

海岛风尚

　　大堡礁水域有大小岛屿630多个，其中以格林岛、丹客岛、磁石岛、海伦岛、汉密尔顿岛等最为有名。这些岛屿各具特色，每年吸引游客无数。大堡礁的一部分岛屿，其实是山脉淹没于海中露出的顶峰。俯瞰大堡礁，犹如汹涌澎湃的大海上绽放的颗颗碧绿宝石。

↑格林岛

↑汉密尔顿岛

↑浪漫心形礁

格林岛

格林岛又称绿岛，是为纪念库克船长"奋进号"上的天文学家格林（Green）而命名的。岛长660米，宽260米，环绕一圈细白的沙滩，岛上布满青翠的绿林，漫步其中，浪漫至极。码头有一座观测站，可观赏海面下的美丽珊瑚与热带鱼。

汉密尔顿岛

汉密尔顿岛是一座私密性极佳的度假小岛，2009年初，因一份招聘广告而红遍全球——在风景如画的岛屿上散散步，喂喂鱼，写写博客，工作仅6个月，报酬高达15万澳元！如此叫人垂涎的工作，谁是最后的幸运儿呢？图中的英国小伙本·索撒尔是也。

浪漫心形礁

若能去大堡礁，有一件事非做不可——寻找那颗遗失在大海中的绝美心形珊瑚礁！据说，这里是最浪漫、最成功的示爱天堂。

全心呵护

大堡礁是世界上最有活力、最完整的生态系统，但其平衡也最脆弱，往往牵一发动全身。

遗憾的是，大堡礁面临的最大威胁来自我们人类：大量捕鱼捕鲸、大规模采贝采珊瑚、进行海参贸易等，已使大堡礁伤痕累累。

对此，澳大利亚已通过开辟此处为国家公园、控制游客数量、建立执行严格的保护海洋的法律和规定等措施加以应对。

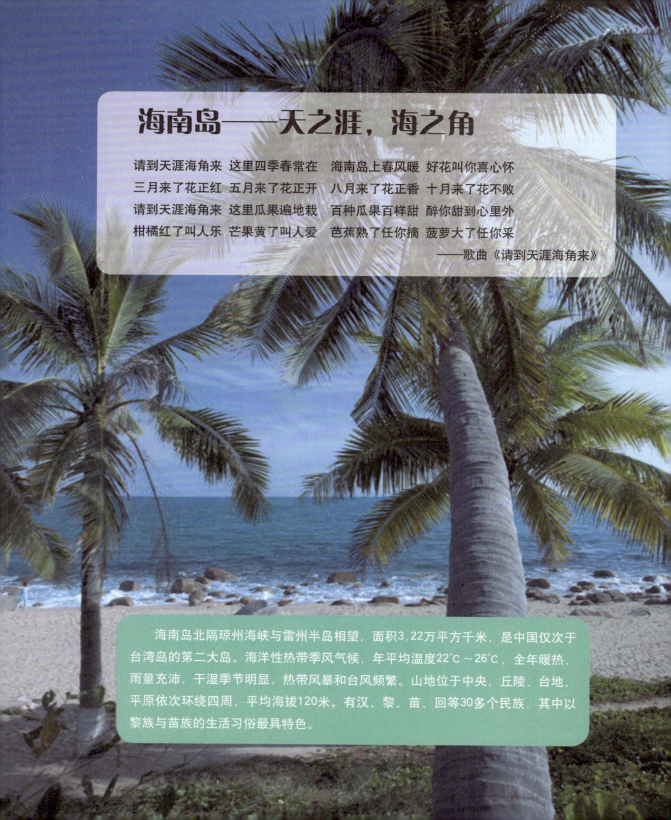

海南岛——天之涯，海之角

请到天涯海角来　这里四季春常在　海南岛上春风暖　好花叫你喜心怀
三月来了花正红　五月来了花正开　八月来了花正香　十月来了花不败
请到天涯海角来　这里瓜果遍地栽　百种瓜果百样甜　醉你甜到心里外
柑橘红了叫人乐　芒果黄了叫人爱　芭蕉熟了任你摘　菠萝大了任你采

——歌曲《请到天涯海角来》

　　海南岛北隔琼州海峡与雷州半岛相望，面积3.22万平方千米，是中国仅次于台湾岛的第二大岛。海洋性热带季风气候，年平均温度22℃～26℃，全年暖热，雨量充沛，干湿季节明显，热带风暴和台风频繁。山地位于中央，丘陵、台地、平原依次环绕四周，平均海拔120米。有汉、黎、苗、回等30多个民族，其中以黎族与苗族的生活习俗最具特色。

四时旖旎

安卧南海之上的海南岛"四时常花，长夏无冬"，终年常绿，森林覆盖率超过50%，一年四季皆宜旅游，有"东方夏威夷"之称，也是世界上最大的"冬都"。

2010年，国务院发布《关于推进海南国际旅游岛建设发展的若干意见》，中国将在2020年将海南初步建成世界一流的海岛休闲度假旅游胜地，使之成为开放之岛、绿色之岛、文明之岛、和谐之岛。

蜈支洲岛

蜈支洲岛是海南岛的附属岛屿，坐落在三亚市北部的海棠湾内，面积1.48平方千米，呈不规则的蝴蝶状，淡水资源丰富，拥有2 000多种植物，生长着许多珍贵树种，如龙血树（地球上最古老植物，"地球植物老寿星"）。海边悬崖壁立，中部山林逶迤，北部滩平浪静，南部水域则是国内最佳潜水基地。碧海浩渺，椰树临海，美不胜收。

↑蜈支洲岛一角

亚龙湾森林公园

亚龙湾

　　亚龙湾位于海南三亚市东南约28千米处，背依山峦，面朝大海，海碧天澄，沙鸥翔集；沙滩洁白细软，海水温度由于受菲律宾暖流的影响，常年20℃以上，终年适宜游泳。这里还是座海底花园，海水洁净，透明度大，只要稍潜入水，绚丽多彩的海底珊瑚、鱼类便尽收眼前。

028

天涯海角

天涯海角，南向三亚湾，其海滩之上，散布着众多奇石。其中，一块浑圆巨石上，赫然刻着"天涯"两字；旁边一块卧石之上，则镌有"海角"两字。左边，有一石柱拔地而起，上刻"南天一柱"四个大字，大有擎天之势。古时候，三亚人迹罕至，常被作为"逆臣"流放之地。被流放之人奔波至此，只见大海茫茫，归期无望，不禁发出"天之涯、海之角"的感叹。

仙境"鹿回头"

仙境"鹿回头"位于三亚市南5千米处，是海南岛最南端的山头，因爱情传说得名。相传，一黎族青年翻山越岭追逐一坡鹿，在山崖处坡鹿走投无路，回头变为黎族少女，后两人结为夫妻，此山得名"鹿回头"。

东寨红树林

红树林十分适宜于海滩环境中生长，素享"海岸卫士"的美名。海南岛北岸，从铺前港到东寨港10多千米长的海滩上，一片红树林绵延无际；潮水上涨时，海滩被海水淹没，树干浸泡在水中，只有茂密的树冠露出海面；退潮后，满是泥泞的树干露出海面，盘根错节，就像一片原始森林，因而有"海上森林"或"海底森林"之美誉。1980年这里被辟为中国第一个红树林自然保护区。

东郊椰林

自文昌县到崖县数百千米的海岸带上，椰林无边无际，郁郁苍苍，蔚为壮观。最有名的当属东郊椰林。

据说椰子的故乡原在马来半岛，迁居海南岛后，深受人们喜爱。当年苏东坡被谪迁海南岛时甚爱饮椰子汁，以诗赞曰"美酒生林不待仪"，意即有了天然美酒椰汁，不必依赖夏禹时代的酿酒专家仪狄来酿造美酒了。

五指山

"不到五指山，不算到海南。"五指山位于海南岛中南部，海拔1 867米，是海南岛第一高山，满山遍布热带原始森林，与南美洲的亚马孙河流域、印度尼西亚的热带雨林并称为全球保存最完好的三块热带雨林。五指山是著名的蝴蝶牧场，有600多种蝴蝶，占全国蝴蝶种数的51%，其中70%为观赏性蝴蝶，具有体大、艳丽、怪异等特点。另有大峡谷漂流被誉为"华夏第一漂"。

黎族民俗

黎族是海南岛最早的居民，也是海南岛上独有的民族和人数最多的少数民族，民俗文化独具特色。

黎族一直以其绚丽的织锦工艺著称于世。宋末元初著名女棉纺织家黄道婆在海南生活了30多年，学习当地黎族的纺织技术，后连同黎族的纺织工具一道带回故里松江府乌泥泾镇（今上海华泾镇），并倾囊传授给乡亲，从而深受敬仰。

初保村地处五指山西麓，是保留最完整、最美丽、最独特的黎族民居群。在这里，黎族村落古老原貌被保留下来，也成为黎族生活、文化变迁的一个缩影。

五指山

马尔代夫岛——印度洋上的美丽精灵

99%晶莹剔透的海水+1%纯净洁白的沙滩=100%的马尔代夫。

诗人眼中的它：印度洋"蓝色天鹅绒上洒落的一串珍珠"。

乘着多尼船，从浪漫驶向浪漫，这里是"失落的天堂"……

马尔代夫群岛，位于赤道附近的印度洋上，距印度南部约600千米、斯里兰卡西南部约750千米；由26组自然环礁、1 200余个珊瑚岛组成，大部分岛屿面积只有1～2平方千米，陆地总面积298平方千米，人口35.9万；具有明显的热带气候特征，年平均气温28℃；年降水量约2 100毫米，无季节之分，全年皆绿。

马尔代夫，Maldives，由梵文演变而来，意为"花环"，美丽如它，被称为"地球上最后的香格里拉"。但见无际的海面上，小岛星罗棋布，犹如天际抖落而下的珍珠嵌在翠玉上；

↑马尔代夫拥有数千种鱼类，是热带鱼的故乡

小岛中央为绿，四周为白，近岛处海水则浅蓝、水蓝、深蓝逐次渐层……

太阳岛

太阳岛可谓马尔代夫最大的休闲度假村，据称已有上百万年的历史。岛上繁花芬芳，鸟语啁啾，生机勃勃。原始的热带丛林之中，酒店散落，游人大可随兴躺在椰树下，独享大海的涛声。这里亦有海上木屋，热带的阳光下，可于阳台静静看书，也可随时入海畅游，与热带鱼同行，真正的明媚灿烂。

奇异海岛

卡尼岛

马尔代夫最幽然宁静的小岛，距首都马累20千米。它是蜜月旅行的首选，也是潜水爱好者的天堂，被誉为"蜜月天堂的后花园""印度洋上的绿洲花园"。海水如空气般透明，空气如海水般清澈，珊瑚礁夺目鲜艳，海底世界奇幻无穷，无须言语缀饰，唯有俪影双双，十指紧扣……

索尼娃姬丽岛

它被誉为世界上最奢华的全水屋岛，岛上7座水上别墅孤悬于海上，并拥有马尔代夫最大面积的私人海滩。它最初就因浪漫而生。数年前，一位印度富商与一位名模在此相恋，为作纪念，富商投入巨资建起一座奢华酒店，并以爱侣的名字"索尼娃"为之命名。

传说，马尔代夫人的祖先，原本是僧伽罗族王子，只因与斯里兰卡国王最美丽女儿的一场邂逅，才流落到这个环礁湖，并双双定居在岛上。看来，马尔代夫的起点就是浪漫呢！

拉古娜岛

拉古娜岛，电影《蓝色珊瑚礁》的拍摄地，纯美的意境令无数人如痴如醉。抬眼望去，海天连成一体，恰似世外桃源。乘船入岛，海水蓝意荡漾，拉古娜岛则如立在海水中的棕榈树丛，绿意盎然，衬上湛蓝色的礁湖，热带景观美丽异常。脚踩环岛的细纱，欣赏拍岸的浪花，沐浴烂漫的时光，不禁为这种幽雅休闲的简单生活方式深深打动。

失落的天堂

海陆一线，赋予了马尔代夫悠然的热带美景，但作为世界上海拔最低的国家（其平均海拔仅1.5米，最高也不过2.3米），难免成为全球变暖、海平面上升首当其冲的受害者。

2004年东南亚大海啸时，马尔代夫瞬间丧失40%的国土。由于气候变暖，冰川、冰帽和极地冰盖融化，有预测称，最快100年内海面上升将淹没整个马尔代夫。

身陷险境的马尔代夫具备高度的环保意识。马尔代夫严禁私自采摘、践踏或出口任何种类的珊瑚，居民甚至自发收集石头巩固海岸。

↑想要在众岛屿间穿梭？多尼船可算上选。这种船从船体、帆桁、钉、缆绳到帆都取材自椰子树，承载着当地原住民2 000年与海相处的历史。

↑水下内阁会议

马尔代夫政府2009年10月举行的水下内阁会议，使其成为全球变暖问题的焦点。10月17日马尔代夫总统纳希德在水下内阁会议上签署环保倡议书。

总统宣布，由于海平面上升将使30多万岛民无家可归，该国将从每年10亿美元的旅游收入中拿出一部分，用于购买一个新家园。

马尔代夫风光

塞班岛——身在塞班，置身天堂

明媚的阳光、洁白的沙滩、碧海蓝天互相映照······
小小海岛，历经战争，呼唤和平。
太平洋上的一颗璀璨明珠——塞班！

塞班岛是北马里亚纳联邦（CNMI）首府的所在地，东经145°，北纬15°，位于太平洋西部，菲律宾海与太平洋之间。面积约185平方千米；亚热带海洋气候，年温差1℃~2℃，7~8月是雨季，12月~次年2月是旱季；人口约4.8万，以密克罗尼西亚人、西班牙人为主。

↑ 鸟岛

丘鲁海滩

丘鲁海滩出产"星沙"——此种沙粒带有棱角，恍若一颗颗小星星，非常美丽。据说，找到八角星沙的人会得到幸运眷顾。这里的珊瑚石亦是多姿多彩。

鸟　岛

鸟岛位于塞班岛的北部，像只鸟栖在海湾上，岛上有上百种鸟栖息。涨潮时，鸟岛孤立，退潮时和塞班岛相连。

喷水洞

在喷水海岸，礁石锋利，礁石上的火山岩有无数大小洞穴，海浪拍岸，海水没入礁石，后从礁石中的小洞中喷出，形成的水柱最高可达10多米，如同鲸鱼喷水。

↑ 喷水洞

↑ 蓝洞

↑ 军舰岛

蓝　洞

蓝洞是世界第二大潜水胜地，被全世界潜水者视为必游的"朝圣地"。背着氧气瓶下到巨大的钟乳洞中即可进行洞穴潜水。经此还可潜至外海，阳光透过水面直射洞中，海水呈现出猫眼般的蓝色，令人赞叹。这里的鱼群也是色彩斑斓。

军舰岛

这座美丽的小岛，位于塞班岛西侧，周长不过2 000米。银色沙滩令人目眩神迷，海水纯净无比，阳光下，水底珊瑚礁变幻着多种美妙的色彩。

从岛上乘潜艇，潜到15米深的水下，还可亲眼目睹第二次世界大战时期美军坠落的战斗机和被击沉的日本军舰残骸。

昔日战火

1521年著名航海家麦哲伦环球旅行途经塞班，塞班被世人所识。1565年西班牙人登陆并占领该岛。之后，西班牙将塞班岛所属的北马里亚纳群岛卖给德国。第一次世界大战期间，德国又将其转让给日本。第二次世界大战期间日本和美国军队为争夺该岛展开了激烈的战斗。1944年6月15日，美军开始进攻塞班，史称塞班岛之战。日本战败后，联合国将此地划给美国政府托管，为期40年（1945～1985年）。1986年11月，塞班经全民公投归属美国，成为美国的海外领地。

第二次世界大战时期，美军在深夜实施空中轰炸时，误将该处当做一艘军舰，投下无数炸弹，直到天亮，美军才发现这艘"炸不沉"的"军舰"原来是一个小岛，军舰岛因此而得名。

↑第二次世界大战后日军遗留的大炮

↓塞班岛著名的日落巡航：晚霞满天，乘船出海，夕阳下，享受塞班美食。

西西里岛——地中海的美丽传说

如果不去西西里，就像没有到过意大利：
因为在西西里你才能找到意大利的美丽之源。

——格斯

西西里岛是地中海上最大的岛屿，属意大利，面积2.5万平方千米，人口500万。整个岛屿呈三角形，全岛东西长300千米，南北最宽为200千米；地形以山地、丘陵为主，沿海有平原；多地震；地中海式气候，春秋温暖，夏季干热，冬季潮湿，平原地区年降雨量为400～600毫米，山地为1 200～1 400毫米。有丰富的地下水。

↑帕勒摩

↑卡塔尼亚大教堂

情迷西西里

若说意大利为优雅的长靴，西西里岛则如皮靴尖上的足球。作为意大利的美丽之源，西西里周身散发着魅力，有很多迷人的小城。这里有明媚的阳光和湛蓝的海水，还有典雅的古迹供人怀旧。

帕勒摩

"世界上最优美的海岬"，歌德如是称赞帕勒摩。它是西西里岛的第一大城，历经多种宗教、文化的洗礼，市区建筑风貌各异。曾有一位地理学家这样形容帕勒摩："凡见过这个城市的人，都会忍不住回头多看一眼。"这里的古迹建筑虽非金碧辉煌，但与公园绿地、市街广场融为一体，丝毫不显得突兀。

卡塔尼亚

享有"南意米兰"之称的卡塔尼亚，背靠埃特纳火山，面向爱奥尼亚海，意蕴悠闲。巴洛克艺术为卡塔尼亚披上了灿烂辉煌的历史霞帔，城市虽几度遭遇灭顶之灾而又几度重建，但主体建筑保存基本完好，已被联合国教科文组织列为世界文化遗产。

卡塔尼亚曾9次被火山灰掩埋，但正如格力伯尔门的大时钟上所刻铭文"我从我自己的灰烬中再生"一样，卡塔尼亚人扎根此处，不抛弃，不放弃。灾难之后，巍峨的埃特纳火山一年四季都有大量游客慕名而来。

阿格利真托

阿格利真托被誉为"诸神的居所"，希腊抒情诗人品达尔（Pindaros）曾称赞阿格利真托是人间最美的城市。小城曾先后几易其主，昔日繁华不再，唯留许多神庙遗迹，最有名的是神殿之谷。

陶尔迷

小镇陶尔迷建在山石之上，背靠悬崖，上接青天，下临碧海，岿然耸立。夜晚，远远望去，其间点点灯火和天上繁星连成一片，使人分不清天上与人间。这里常年如春，风光旖旎，不仅有古希腊、古罗马的遗迹，亦不乏现代化的旅游设施。

地中海风光

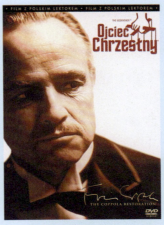

↑ 电影《西西里的美丽传说》海报　　　↑ 电影《教父》海报

西西里的传说

《西西里的美丽传说》

由莫尼卡·贝鲁奇主演的这部意大利浪漫电影中，西西里的美好景象得以展现——夕照中的礁石、洁白平旷的堤岸、庭院里的大树、天主教堂门前的石阶广场以及喧闹的集市——自然之美与世俗之美交织，溢满西西里。

"黄昏的阳光洒在石造建筑的外围，充满了温柔又可爱的夏日情调，就像童年时的梦想。"

该片摄影指导柯泰对西西里大加赞叹，认为西西里独特的景致为这部电影增添了悲喜交加的色彩。

《教父》

西西里堪称黑手党的故乡。黑手党是一种起源于欧洲中世纪的组织，逐渐演变为一种超越法律的帮会犯罪组织。它使该岛的某些部分实际上有两个政府、两套行为准则和执法系统——一个是合法政府；另一个是影子政府，通过暴力维持其权力。电影《教父》在讲述黑手党故事的同时，也把西西里诗意风光呈现在观众面前——灿烂的阳光、幽静的田园和中世纪韵味的教堂、神殿、喷泉和剧场，还有那美丽动人的西西里姑娘，既充满自然的田园气息，又弥漫着中世纪的优雅风情。

多元文化

西西里岛在公元前5世纪，就成为希腊人、罗马人争夺的战略要地。公元827年阿拉伯人征服该岛后，西西里人便从文化到气质上进入了多元时代，东方神韵在此地徐徐绽放，被诗人但丁称为"意大利最具东方韵味的城市"。

金盆地

西西里岛辽阔而富饶，气候温暖，盛产柑橘、柠檬和油橄榄。海岸从东向西，绵延着果实累累的橘林、柠檬园和大片大片的橄榄树林，故被称作"金盆地"。

血橙是西西里一大特产，它味道甜美异常，颜色却如鲜血，十分奇特。

西西里是意大利最好的橄榄油产区，而橄榄油可保健、可美容、可食用，被誉为"液体黄金""植物油皇后"。

夏威夷群岛——太平洋的"十字路口"

夏威夷是大洋中最美的岛屿，
是停泊在海洋中最可爱的岛屿舰队。

—— 马克·吐温

夏威夷群岛位于北太平洋中部，离它最近的大陆也有4 000千米之遥，可谓"遗世而独立"，它是太平洋海、空交通的枢纽，是从美国西岸去澳大利亚以及从巴拿马运河到远东的船舶航线的必经之地，穿越太平洋的海底电缆也在此经过，战略地位十分重要，被称为"太平洋的'十字路口'"。夏威夷群岛是火山作用形成的，由132个大小各异的岛屿构成，总面积16 650平方千米；其中首推夏威夷岛，面积约为群岛的2/3。

奇幻三岛

海风吹拂下棕榈树婆娑摇曳，阳光沙滩上细浪翻卷，绿树苍翠，鲜花繁茂，冲浪高手健壮灵活，草裙舞女郎热烈奔放——夏威夷，美哉！

广袤太平洋中，夏威夷群岛是怎样从海底崛起的？实际上，是火山喷发造就了它。随着活火山的喷发，群岛面积仍在扩展。

迷人的夏威夷群岛中，最具特色者有三——"冒险岛"（夏威夷岛）、"梦幻岛"（毛伊岛）、"夏威夷心脏"（瓦胡岛）。

"冒险岛"：夏威夷岛

夏威夷岛，群岛中最年轻、面积最大，俗称大岛。大岛气候多样，风光迥异，可以上山滑雪、下海冲浪，还可以到夏威夷国家火山公园看火山；这里的两座活火山仍不断喷发，熔岩流动，炽烈灼人，十分刺激！

夏威夷国家火山公园自冒纳罗亚山顶的火山口，一直延伸到海边。在这里，可以看到火山喷发时形成的硫黄堆积的平原、熔岩隧道以及从裂开的地面中喷发的热水蒸气等。

"梦幻岛"：毛伊岛

见过彩色的沙滩吗？来毛伊岛吧！白色、黄色、黑色，甚至绿色的沙滩，与湛蓝的海水相映成趣，美妙绝伦。这里是冲浪与帆板爱好者的乐园。在"太阳之屋"，有成群的火山口交会，仿佛来到了月球；在"捕鲸镇"，可亲睹鲸鱼戏水，古老的捕鲸工具和船只轻靠海岸。日月星云流转，风光五彩缤纷。

"夏威夷心脏"：瓦胡岛

美国夏威夷州首府檀香山就位于瓦胡岛。因为早期本地盛产檀香木，而且大量运到中国，故被华人称为檀香山。檀香山是夏威夷重要门户，也是跨太平洋海运贸易的重要据点之一。许多名人与檀香山有缘，美国历史上第一位黑人总统巴拉克·奥巴马就诞生于夏威夷，并曾在檀香山的普纳候学校读书，孙中山先生也曾就读于此。

瓦胡岛的威基基海滩十分迷人，堪称世人心目中最典型的夏威夷海滩：细致洁白的沙滩、宁静开阔的海水、摇曳多姿的椰子树、豪华奢侈的酒店、热情友善的邻居、和谐悦耳的歌声……《金银岛》的作者斯蒂文森形容之为"古典气息的景物"。

↑唐人街的孙中山雕像

历史风云

库克船长首先发现了夏威夷并丧生于此。他两次抵达夏威夷，第一次被奉为祝福之神，第二次却被当做灾难之星被杀。如同当地罗诺神话一样，其传奇色彩令人唏嘘。

夏威夷最初的居民是波利尼西亚人。1778年库克船长发现夏威夷后，人群随之涌入。1893年，一群政客和商人在美国人的帮助下发动政变，美国军队胁迫夏威夷王国的女王退位，夏威夷易主。

1993年，时任美国总统的克林顿签署法案，为100年前推翻夏威夷王国而道歉，承认夏威夷土著人从未直接放弃对夏威夷的主权要求。

1941年12月7日清晨，日本海军突袭美国海军太平洋舰队在夏威夷的基地——珍珠港（檀香山西侧），太平洋战争拉开了序幕。如今，当年被击沉的战舰"亚利桑那"号仍在海底，其旁还建立了亚利桑那纪念馆。

↑ 亚利桑那纪念馆

波利尼西亚文化

多元文化虽不断涌入，夏威夷最初的波利尼西亚文化却传承下来，其热烈情怀仍奔放四溢。

热情好客的"阿罗哈"

"Alo-ha"（阿罗哈），将是你到夏威夷后学会的第一句话。它是夏威夷土语，意为"欢迎，你好"。一句"阿罗哈"，彰显着夏威夷敞开胸怀的开放文化。

热烈奔放的草裙舞

草裙舞，又名"呼拉舞"。在夏威夷，无论男女都跳草裙舞，迎接远道而来的客人。对于夏威夷人来说，草裙舞是无字的文学作品，是他们的生命和灵感，也是让外界了解他们的窗口。

草裙舞

富饶之岛

Richly-Endowed Islands

　　浩瀚的海洋就像慷慨慈爱的母亲，将无尽的宝藏赠与我们。例如，海椰子是塞舌尔人眼中的"国宝"，被看做生物进化遗留下来的活化石，贵比黄金，塞舌尔群岛因此被称为"黄金坚果"之岛。更多的富饶之岛，让我们一起来探访……

古巴岛——"世界糖罐"

它是世界著名的蔗糖之乡，它是令人神往的革命圣地，它是海明威《老人与海》的诞生地——古巴！

古巴岛，位于加勒比海西北部，东面是海地，西面与墨西哥尤卡塔半岛隔海相望，南面是牙买加和开曼群岛，北面隔海与美国佛罗里达半岛相望；面积10.5万平方千米，是西印度群岛中最大的岛屿；热带雨林气候。群岛国古巴主要由古巴岛、青年岛以及周围1 600多个大小岛屿组成。

驰名世界的蔗糖生产

1492年，哥伦布航海途中发现古巴岛。1508年，他第二次到达美洲来到古巴时，给这座岛屿带来了甘蔗的根茎，而谁也没想到，甘蔗竟然成为古巴主要的经济作物。

古巴地处热带季风区，四面环海，终年无霜，降水丰沛，比较适合甘蔗的生长。古巴的甘蔗主要种植在土层深厚的平原地区，那里的土壤为黏红土，有机质含量较高，加上机械化程度较高的农耕方式和先进的制糖技术，使得古巴的蔗糖业国际竞争力强。

古巴的农业以甘蔗种植为主，其加工经济也以制糖业为支柱。古巴还是全球第四大食糖出口国，可以说是名副其实的"世界糖罐"。

近年来，古巴的蔗糖生产严重下降。究其原因，首先要归咎于自然灾害，飓风对古巴的袭击，使得甘蔗种植业遭受严重损失。另外，国际金融危机的爆发，也使化肥、农药、机械零件的进口受到冲击，影响古巴蔗糖业的发展。

古巴朗姆酒

古巴人除了向世界生产销售蔗糖以外，还将甘蔗汁制成的甘蔗烧酒装入白色的橡木桶中，经过道道精心的酿造工艺，以及多年的沉淀和酝酿，制成一种全天然的美味佳酿——古巴朗姆酒。

而最初，古巴人是用这些发酵过的甘蔗汁作为一种消除疲劳的刺激性饮料来饮用的，后来经过商人和海盗的传播，销往世界各地。

几百年来，古巴朗姆酒以其高品质、纯天然以及独一无二的香醇口味，受到了世界各国人民的喜爱。

古巴雪茄

甘蔗、雪茄、朗姆酒并称"古巴三宝"。古巴肥沃的黏红土孕育世界上最好的烟草，经过风干、发酵、老化后的烟叶，被卷制成纯天然的雪茄烟，受到人们的青睐，成为卡斯特罗、丘吉尔等众多知名人士的最爱。

↑古巴朗姆酒

奇异海岛

哈瓦那革命广场

因为有世界著名的革命家菲德尔·卡斯特罗和切·格瓦拉，所以古巴成为世界知名的革命圣地，其首都哈瓦那有著名的革命广场。

革命广场中间是何塞·马蒂纪念塔。塔下有马蒂白色大理石像。广场北边，内政部大楼的外墙上，就是切·格瓦拉的巨型壁画。

莫洛灯塔

在哈瓦那港口的峭壁上，高耸着巍峨的莫洛城堡，城堡的旁边挺立着著名的莫洛灯塔。夜幕降临时，灯塔射出明亮的光芒，照射着几十千米以外的地方，为航行在加勒比海上的船只指明方向。

↑写作中的海明威

尽管是美国人，海明威一生热爱古巴。哈瓦那以北的郊区有海明威故居，从1939年到1960年，海明威在这里度过了生命中重要的一段创作时间，完成了《老人与海》《移动的盛宴》以及《岛在湾流中》等7部传世小说。

↑革命广场的切·格瓦拉像

↑莫洛灯塔

斯里兰卡岛——宝石之岛

斯里兰卡旧称锡兰，形同一滴眼泪；斯里兰卡在僧伽罗语中意为"乐土"或"光明富庶的土地"。

斯里兰卡岛，位于南亚次大陆南端的印度洋中，西北隔保克海峡与印度半岛相望。面积65 610平方千米，热带季风性气候；人口约1 988万，主要民族为僧伽罗族和泰米尔族，佛教为国教。

宝石如白菜

斯里兰卡遍地都是宝石，宝石开采已有2 500多年的历史，其宝石有22种之多，蓝宝石、红宝石、猫眼石、星光石、亚历山大变色石、月亮石等等，令人眼花缭乱，其中"猫眼绿"被列为国石。

斯里兰卡宝石散布在河床、湿地、农田或山脚下，深度在1.5～18米之间不等，开采方式主要为山区的岩壁开采、掘井和河川开采。前者开采出的宝石颗粒较大，但难度大；后者因河流冲刷的缘故，开采出的宝石颗粒较小。

"洗宝石"是宝石开采的一道重要工序。矿场的工人将从地下挖出一堆黄土，放入一个圆形的畚箕中，然后拿到大水池旁旋转冲洗，待黄土溶入水后，有经验的人就可以从剩下的小石头中挑出宝石了。

斯里兰卡的"宝石城"拉特纳普勒在斯里兰卡中南部，那里有一条叫卡鲁河的古河床，它孕育了斯里兰卡1/3的宝石，是亚洲最大的宝石矿区。这里曾出产过世界上最大的蓝宝石——563克拉重的"印度之星"。斯里兰卡的国宝——"斯里兰卡之星" 也出自这儿，重362克拉，被称为世界第三大蓝宝石。

见宝如见神

由于斯里兰卡人认为是否能挖到宝石需要运气，所以在每个宝石矿点都有神龛。在开挖之前，矿主都要到寺庙里烧香祈祷，矿工入矿前也要双手合十祷告一番，连筛矿砂也都要选择良辰吉日呢！

↑矿场工人在"洗宝石"

↑"印度之星"

↑宝石

↑ "高跷垂钓"

奇怪的"高跷垂钓"

斯里兰卡南部海岸是鱼儿喜欢集聚的地方，但是那里却常有人攀坐在一根根竖直地插在水中的长木棍上。不要奇怪，这些人是在钓鱼呢。

这些插在水中的长木棍上简单地绑着可供蹲坐的横木，攀坐在上面的人手中的鱼竿也只是一条有鱼线的木棍，甚至没有鱼饵，他们利用看起来像虫子的白色鱼钩，诱使鱼儿上当，颇有点像姜太公的"愿者上钩"。

这种"高跷垂钓"是当地渔民的传统捕鱼方法，就连每只木棍都是家传的财产呢。

↑雄伟的狮子岩

狮子岩是一座建筑在橘红色巨岩上的空中宫殿，它由摩利耶王朝的国王卡西雅伯建造，高200米，内有国王宝座、蓄水池、宴会厅、议事厅和国王寝宫，结构精妙，气势雄伟。当时卡西雅伯国王弑父登基，为了逃避同父异母弟弟莫加兰的复仇，便沿山建造了这座具有军事防护意义的碉堡宫殿。

瑙鲁岛——粪土成金

"粪土"真的可以变成金子吗？是的，真有这么一个太平洋上的小岛，依靠当地的"粪土"一度成为"太平洋上的首富"。

> 瑙鲁岛，位于太平洋西部，属于密克罗尼西亚群岛的一部分；面积22平方千米；热带雨林气候；人口约1.2万，信仰基督教；瑙鲁语为国语，通用英语。

"粪土成金"的"无土之邦"

由于靠近赤道，太平洋又提供了丰富的海洋食物，于是瑙鲁便成为鸟儿们休养生息的胜地，岛上的鸟粪也经年累月地积累下来，厚厚的鸟粪经过地质时期的沉降和抬升作用，成为富饶的磷酸盐矿石。

瑙鲁素有"磷酸盐之国"的美誉，全岛2/3的面积覆盖着磷酸盐矿石，蕴藏量近1亿吨，位居世界第一。这里的磷酸盐矿不仅贮量大，而且纯度高达84%，使得岛上的水都是咸的，就连蛇、蚊都无法生存。

由于瑙鲁广布着磷酸盐矿石，所以岛屿几乎成为"无土之邦"，在出口磷酸盐矿石的同时，常常需要进口土壤，把土壤填入废弃的矿坑中，种植粮食。

瑙鲁的磷酸盐矿石

"鸟粪"财富的发现

在"鸟粪"资源尚未被发现之前，瑙鲁的岛民主要以捕鱼猎鸟为生。因岛上的水是咸的，他们不得不喝椰子汁解渴。后来，一名海员将岛上一块有纹理的石头带回给朋友做礼物，碰巧被一位好奇的英国人看到，拿去做化验，结果却发现，这块貌不惊人的小石头竟是品位很高的磷酸盐矿石！

瑙鲁人就地取"鸟粪"，把这些可以作为优质肥料的磷酸盐矿石对外出口，换取了巨额外汇。因此，瑙鲁一度成为太平洋中最富有的岛国，人均年收入居世界第二。较为丰厚的工资和低生活消费使得瑙鲁人享受着舒适闲暇的生活。而瑙鲁人在澳大利亚墨尔本市投资建造的一座52层、名为"瑙鲁之家"的大厦，也被戏称为"鸟粪塔"。

太平洋上的富国濒临破产

因主要依靠磷酸盐矿的出口，经济过于单一，国内又无税收，加之瑙鲁人在海外的商业经营并不顺利，所以瑙鲁的创收越来越艰难。"由俭入奢易，由奢入俭难。"对瑙鲁人来说，要面对的最严重的破产，可能还要算他们悠闲安逸的生活方式的打破。

优越生活下的"富裕病"

因为"鸟粪"是瑙鲁人的天然财富，使得他们不需要辛苦就可以过上富裕悠闲的生活，加上瑙鲁人尤爱吃高脂肪、高蛋白食物，因此，瑙鲁人遭受着高血压、糖尿病和心脏病的困扰，90%的瑙鲁人看上去身材肥胖。

南太平洋上的"大头钉"

面积仅有22平方千米的瑙鲁，从地图上来看，仿佛是太平洋中的一枚小小的"大头钉"。然而，瑙鲁却是一个"五脏俱全"的"大头钉"，这里各种国家机关一应俱全，同时它还有铁路、公路、码头和航空公司。

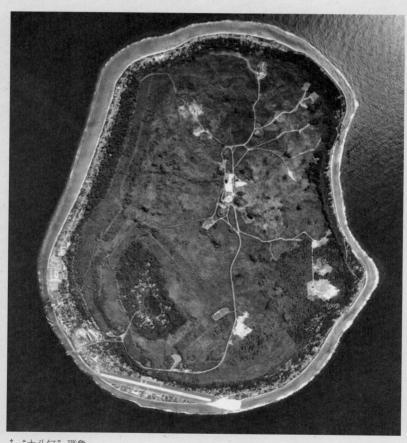

↑ "大头钉"瑙鲁

塞舌尔群岛——"黄金坚果"之岛

它是印度洋上的一颗"黄金坚果"，美味的海椰子在这里散发着醉人的清香，巨大的象龟缓慢地从恐龙时代爬到你面前，穿越了时空的伊甸园——塞舌尔群岛！

塞舌尔群岛，位于非洲以东的西印度洋，由115个大小不一的岛屿组成；面积约455平方千米；热带雨林气候；人口约8.5万，主要为班图人、克里奥尔人、印巴人后裔。

"黄金坚果"——海椰子

塞舌尔以海椰子而闻名。海椰子亦称复椰子，棕榈科植物。海椰子的一个果实重可达25千克，其中的坚果也有15千克，是世界上最大的坚果，被称为"最重量级椰子"。

↑巨大的海椰子

海椰子树高20~30米，其树叶和种子在所有植物中都是最大的，树叶呈扇形，一般长约7米，宽约2米，最大的叶子面积可达27平方米，因此也被称为"树中之象"。早期来到这里的水手以为海椰子来自扎根于海底的巨树，于是这些坚果也被称为"大海的脑袋"。

海椰子果通常需要10年才能成熟。其果肉细白可口、汁液浓稠香醇，除了食用外，还可以酿酒，以及用于治疗中风。

海椰子被看做生物进化遗留下来的活化石，非常珍贵，是塞舌尔人眼

奇异海岛

↑五月谷风光

中的"国宝"。最初塞舌尔群岛中有5个岛长有海椰子树，但由于破坏性开采，目前仅剩普拉兰岛"五月谷"中的4 000多棵海椰子树了，由此受到塞舌尔政府的重点保护，被禁止非法采摘和出售。作为旅游商品的海椰子果的价格也非常昂贵，一枚海椰子果实标价2 000美元。据说，当年德国皇帝鲁道夫二世曾提出用250千克黄金购买海椰子果实，但遭到塞舌尔政府的拒绝。

旅游者的天堂

"五月谷"位于塞舌尔群岛的普拉兰，面积仅19.5公顷，是最小的世界自然遗产。这里有世界上濒临灭绝的黑鹦鹉，它们叫声婉转，通体咖啡色，只因这里树叶的光影才让人们误认为它们是黑色的。

碧海银沙的博瓦隆沙滩是世界排名第三的白沙沙滩，每年吸引着10多万的游人前来观光游览。当然，这里的物价也是天价，消费水平很高。

"痴情"的海椰子

海椰子树寿命长达千年，可连续结果800余年！海椰子树雌雄异株，它们彼此相邻生长，通过当地的壁虎把花粉粘在脚上授粉，繁衍后代。最神奇的是，海椰子雌、雄两树树根在地下交缠相生，一棵死去，另一棵也不会独活，紧跟着它的"伴侣""殉情"而死，因此海椰子树也被称为"爱之树"，海椰子果也被称为"爱之果"。

↑博瓦隆沙滩

　　塞舌尔象龟是恐龙时代的幸存者之一，它们体型巨大。在塞舌尔迷人的沙滩上，可以看到憨态可掬的象龟们爬来爬去。

　　这些象龟不但可以观看，而且可以骑乘，当地甚至有骑乘象龟比赛，不过，参赛者要在龟背上不停地跺脚，笨重的大龟才肯慢慢地向前爬行。

↑塞舌尔象龟

所罗门群岛——黄金之岛

世界上是否真的有所罗门宝藏？如果有的话，它是否真的埋于所罗门群岛？用好奇和探索的桨划开太平洋浩渺的层层波浪，神秘的所罗门群岛就在眼前！

所罗门群岛，位于太平洋西南部，澳大利亚的东北方，属于美拉尼西亚群岛的一部分；由瓜达尔卡纳尔岛、新乔治亚岛、马莱塔岛、舒瓦瑟尔岛等900多个岛屿组成；面积28 896平方千米；热带雨林气候；居民主要为美拉尼西亚人，多数人信仰基督教。

↑所罗门金枪鱼

所罗门王的"黄金宝库"

《圣经》中记载，远在东方的海洋中有一座名叫俄斐的富饶岛屿，那里盛产黄金，以色列的伟大君主所罗门派出的远航船队，就曾经到达过那里，并且带回了大量的黄金和珠宝。

受《圣经》诱人传说的驱使，历史上众多欧洲冒险家都尝试着去寻找传说中的黄金之岛。

1586年，西班牙航海者门德纳率领船队经过太平洋时，偶然发现一片岛群，岛上的土著人带着金光闪闪的饰物，他以为自己找到了所罗门王传说中的宝藏，于是将它命名为"所罗门群岛"。

所罗门群岛幅员辽阔，而且岛上90%覆盖着森林，要寻找宝藏谈何容易。但这些困难并没有阻止人们慕名而来的脚步，几个世纪以来，前来寻宝的人络绎不绝。但令人失望的是，"宝藏"至今无人找到，也许所罗门群岛与所罗门王的宝藏并无关系。

虽然没有传说中所罗门王的金山银海，但是所罗门群岛的铝土、磷酸盐等矿藏资源储量较多，水利资源、森林资源也十分丰富。

尤其值得一提的是，这里是世界上渔业资源最丰富的地区之一，金枪鱼的年捕量约为8万吨，成为当地第三大出口产品，可以说是所罗门群岛的"软黄金"了。

所罗门居民

岛上人烟

所罗门群岛上居民的房子是高跷式的，离地面几尺，以防海水侵袭。

他们做饭的方式更是特别，用烧热的大石块和大树叶垒成焖饭的炉子来加热食物，主食是薯类。

鲜艳的花朵尤其是红色和黄色的木槿花，是岛民们的最爱。猪在他们看来是贵重的物品，猪的多少标志着家庭的富裕程度。

电影《风语者》

霍尼亚拉是所罗门群岛首都所在地，第二次世界大战太平洋战场的转折点就在这里。著名导演吴宇森2000年拍摄、尼古拉斯凯奇主演的电影《风语者》就是以所罗门群岛为背景，讲述了肩负着战争保密任务的印第安纳瓦霍族士兵的故事。

格林纳达岛——香料之岛

有这样一座小岛，它如一艘载满香料的小船，芳香四溢地漂浮在加勒比海烟波浩渺的水面上；虽然它有过被殖民的惨痛历史，但却无法阻挡它在人类历史中荡漾恒久的芬芳——格林纳达岛！

格林纳达岛，位于加勒比海向风群岛的最南端，1498年被哥伦布发现。是山峦起伏的火山岛；面积344平方千米；热带海洋性气候；人口约10.6万，黑人占人口大多数，原为印第安人居住地，通用英语。

加勒比的香料岛

格林纳达平均每平方千米土地上的香料比世界其他任何地方都多，因此素有"加勒比的香料岛"之美称。

格林纳达的种植园里有肉豆蔻、多香果、丁香、肉桂、姜、月桂、黄姜和美果榄等。其中，肉豆蔻的产量仅次于印度尼西亚居世界第二，出口量占全世界肉豆蔻总需求的1/3，因此肉豆蔻及其加工品出口成为格林纳达国民经济的重要支柱。

不幸的是，2004年9月，飓风"伊万"的到来让格林纳达的肉豆蔻收成受到重创，全岛90%的肉豆蔻树被飓风毁坏，要想恢复到原来的生产水平，估计需要10年的时间。

↑格林纳达盛产多种香料

神奇之果——肉豆蔻

肉豆蔻又叫做"肉果""玉果""肉蔻"，属木兰科常青木本植物，幼苗栽种后7～9年才能结果，20年后果实方能丰硕；其杏黄色的果肉可做果酱，果肉中的果核可做化工原料，果核中的果仁即肉豆蔻，它呈卵形或椭球形，既可做香料，又可入药。

中医认为豆蔻温中止泻、清热解毒、开胃健脾、祛瘀消肿，可治疗恶心、头胀、痢疾、痔疮等疾病，而且有一定的抗癌功效。我们常吃的许多卤菜配方中少不了它。

↑格林纳达的肉豆蔻

格林纳达狂欢节

　　法国殖民者最早将狂欢节引入格林纳达岛。狂欢节中会选举"美女皇后"，并举行热闹非凡的卡莱普索舞大赛，赛后会选举"卡莱普索舞王"。带着牛角帽的舞者们脸上涂满污水，扮成魔鬼模样，有朗姆酒和音乐助兴，他们彻夜不眠，在街上又唱又跳，直到精疲力竭。

　　卡莱普索（Kaiso）音乐是一种带有切分节奏的舞曲，起源于非洲西部，流行于加勒比海的岛国，由格林纳达的狂欢节发展起来，卡莱普索歌曲的叙事常常隐含着政治内容，通过它，可以更好地了解加勒比文化。

↑风光旖旎的格林纳达

　　格林纳达有沙质细腻的大安瑟海滩、迷人的安娜戴尔瀑布以及风景如画的热带花园；另外，这里也是潜水爱好者的天堂。

孔塔多拉岛——珍珠宝岛

在太平洋碧波荡漾的海面上，她闪烁着珍珠般夺目璀璨的光芒，如同一颗滑过天际陨落凡间的明星，把诱人财富和美丽风光带到人间——孔塔多拉岛！

孔塔多拉岛，位于巴拿马运河太平洋一侧入口处，是珍珠群岛的第五大岛屿；面积3.4平方千米，热带海洋性气候。

珍珠宝岛

孔塔多拉是珍珠群岛中的第五大岛屿，也是其中最负盛名的一个岛屿。由于珍珠群岛的海域盛产珍珠，所以包括孔塔多拉在内的珍珠群岛居民都以采集天然珍珠和养殖人工珍珠来增加其经济收入。

由于这里地处热带，附近又有寒流经过，海水适宜的温度和盐分非常适合珍珠生长，因此，这里的珍珠比其他地方的珍珠更为光彩夺目，圆润饱满。

珍珠"佩礼格里纳"的传说

相传在16世纪早期，一群奴隶在珍珠群岛附近的海床上采集珍珠，其中一位竟然采到了一颗10克重的白珠，而他也用这颗珍珠换得了自由。这颗珍珠就以这个奴隶的名字命名，叫做佩礼格里纳。这颗珍珠一度归英国女王玛丽一世所有。

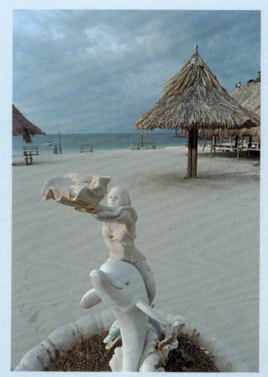

↑孔塔多拉的采珠雕塑

风光绮丽的孔塔多拉

美丽的孔塔多拉岛上有高档旅店、宾馆，潜水和水下活动用品商店，在这里，你可以享受孔塔多拉的13个美丽的白沙海滩。

孔塔多拉的水下世界更是精彩奇妙，这里是海豚、鲨鱼和海龟们的聚居地，美丽的珊瑚在这里形成千姿百态的珊瑚礁，是潜水者的胜地。由于受到附近寒流的影响，这里渔业资源特别丰富。

孔塔多拉名字的由来

  孔塔多拉，西班牙语意为"数数"。为何被叫做"数数岛"呢？由于孔塔多拉在珍珠群岛中是距离陆地最近的，所以在16世纪西班牙殖民统治时期，每当人们把珍珠从珍珠群岛的各个小岛上收集起来的时候，他们就把这些美丽的珍珠送到孔塔多拉来过数、入账、装船、运往大陆，因此孔塔多拉也就成为"计算珍珠的地方"。

台湾岛——中国宝岛

　　高山青，涧水蓝。阿里山的姑娘美如水呀，阿里山的少年壮如山唉。高山长青，涧水长蓝。姑娘和那少年永不分呀，碧水常围着青山转唉。

——台湾民谣《阿里山的姑娘》

　　台湾岛，东临太平洋，南与菲律宾相隔巴士海峡，西面隔台湾海峡与祖国大陆相望；面积35 788平方千米，为中国第一大岛；热带和亚热带季风气候，主要民族有汉族和高山族等；不仅物产丰富，也是中国重要的海上枢纽。

中国宝岛

台湾有着极其丰富的矿藏资源，其中石油、天然气、地热资源丰富，已发现的温泉有90余处。金属矿主要以金矿和铜矿为主，大理石是最为丰富的非金属矿产。

另外，台湾宝石的储量也相当大，其中位于花莲地区的软玉因其纯正的色泽跻身世界名玉的行列。

台湾水果丰富，有甜脆可口的莲雾、清新爽口的凤梨、香甜美味的芒果，还有番石榴、杨桃、火龙果、红毛丹、山竹等。最让人百吃不厌的要算台湾盛产的槟榔了，入口青涩沁心，吃后有酒醉之感。

台湾特有的"槟榔西施"也是台湾一景。穿着性感的年轻姑娘在槟榔摊前面笑靥如花地招揽着生意，让人忍不住驻足购买。

台湾也是美食王国，台北新店碧溪潭香鱼、基隆豆签羹、桃园石门砂锅鱼头、新竹"贡丸"、台南"棺材板"、逢甲夜市的"大肠包小肠"等等，都让人垂涎欲滴。

↑台湾小吃"大肠包小肠"

日月潭传说

　　相传古时候，有一对叫大尖和水社的青年夫妇，用金斧头和金剪刀斩杀了潜伏在大水潭里的、吞掉了太阳和月亮的两条恶龙，让日月重回人间，而他们自己却牺牲了，传说中的大水潭也就化作了这风光动人的日月潭。

　　秀美日月潭，面积7.73平方千米、深21米，是台湾最大的天然湖泊，又称龙湖或天池，坐落于南投县鱼池乡的水社村。

↑阿里山风光

阿里山

台湾著名的风景区阿里山位于嘉义市以东，靠近台湾最高峰玉山，气候温和宜人，树木茂密葱郁，是台湾著名的避暑胜地。

奇趣之岛

Intriguing Islands

　　海岛充满奇趣。例如，在马达加斯加岛高大的猴面包树下，生活着狐猴、豹纹变色龙等面貌怪异却十分可爱的小动物。你知道吗？马达加斯加岛是狐猴们唯一的家，在世界的其他地方，这种大眼睛的灵长类动物已经消失了。更多的奇趣之岛，让我们一起去寻找……

斐济群岛——长寿之岛

世界上真有"长寿国"吗？连癌症也侵袭不到？现实中的"长寿国"就在这样一片群岛之上：那里有健康长寿的居民、奇特的风俗，还有延年益寿的秘密——斐济群岛！

斐济群岛，位于南太平洋；共有320个岛屿，多为珊瑚礁环绕的火山岛；面积约1.83万平方千米；热带海洋性气候；人口约86.8万，主要为斐济人和印度人，居民主要信奉基督教。

斐济人长寿的秘密

被称为"无癌国"的斐济是现今世界上唯——个没有癌症的国家，其居民普遍长寿，这主要与他们的饮食有关。

斐济人多食荞麦，荞麦中含有B族维生素以及微量元素，有很好的抗癌作用。另外，荞麦中含有的营养成分还有帮助消化的作用，对高血压等心血管疾病也有防治作用。

↑荞麦食品

↑杏干

斐济人每日三餐都必用杏干伴食佐餐，杏肉中富含丰富的维生素A、维生素C、儿茶酚、黄酮和多种微量元素，有助于抗癌。特别是经过加工后的杏干、杏脯，已经挥发或溶解掉了杏中的有害物质，食用更利于人体健康。

杏仁和海产品是斐济人喜欢的食物。杏仁中丰富的营养物质可以显著降低心脏病和多种慢性疾病的发病率。杏仁分为苦杏仁和甜杏仁。苦杏仁能润肠通便、止咳平喘。甜杏仁有一定的补肺作用，具有降低人体胆固醇等功效。而新鲜的鱼、虾、贝类海产品，也让斐济人的饮食更加健康均衡。

由于地处岛国，优越的地理环境使得斐济人非常热爱水上运动。

"对斐济人来说，时间是用来浪费的。"这句话并非说斐济人喜欢浪费时间，而是表达了斐济人较为从容的时间观，这也使得他们的生活压力较其他地方小。以更轻松的方式享受生活，这也许又是他们长寿的秘诀之一吧！

↑ 戏水的斐济居民

↑ 穿裙子、戴鲜花的斐济男子

斐济岛的奇趣风俗

在斐济的村庄里有个特殊的规矩，就是村民是不能戴帽子的，只有村长才有戴帽子的权利，而且也不能摸别人的头，因为摸一个人的头就是对他最大的羞辱。

斐济岛上的男人是穿裙子的，你甚至可以看到交警穿着裙子在街上执行公务。而这里的鲜花更是人人佩戴，不分男女与老幼。

太平洋上的交通枢纽

凭借优越的地理位置，斐济岛成为太平洋上重要的交通枢纽。首都苏瓦港是可停泊万吨巨轮的重要国际港，兰巴萨港和劳托卡港也是太平洋上著名的港口。

密克罗尼西亚群岛 —— "女儿国" 之岛

你或许听说过《西游记》里的女儿国，那么现实中的"女儿国"你了解吗？那里不但由女性执掌政权，而且海岛风光奇特——密克罗尼西亚群岛！

"大妇人" 政权

密克罗尼西亚群岛上的土著人重视女性胜过男性，生女孩子多的母亲比生男孩子多的母亲更受尊敬。

那里的部族最高权力均掌握在被称为"大妇人"的女性手中，她拥有部族的话语权。这种地位通过世袭来传承，而非推选。

密克罗尼西亚群岛，别名小岛群岛，地处西太平洋，有2 000多个岛屿，是太平洋三大群岛之一；面积2 700多平方千米；热带海洋性气候；人口约30万，主要为密克罗尼西亚人。

↑密克罗尼西亚的女孩子们

在密克罗尼西亚的家庭中，妻子也是掌握家里大权的主要人物，丈夫需要听从妻子的决定，真可以说是"女儿国"了。

密克罗尼西亚实行一夫一妻制，妇女们多穿连衣裙，一些族群的妇女也有先抱孩子后结婚的习俗。在当地，妇女受到特别尊重，不能随便同她们开玩笑。

岛民之间一律平等，直呼姓名，在姓名之前没有父母兄弟等称谓。

"思春"习俗

密克罗尼西亚的马绍尔群岛上有一种"思春"礼仪，即男子长到了十五六岁时，须剃额发；女子在婚嫁时，须剃眉、染齿、结发。青年人要在礁湖附近的小屋内禁闭两三周，接受巫人的洗礼驱邪。

海岛石柱之谜

密克罗尼西亚的纳马托岛上有一处远古时代的建筑废墟，那里散落着约40万根玄武岩石柱。考古发现，纳马托岛本身并不产这种玄武岩，石柱是从邻近的波纳佩岛运来的。两岛之间仅有水路相通，可能是用当地的独木舟来运输的。独木舟一次只能运一根石柱，如果一天运4根，一年才能运1460根。照此计算，岛民们要工作270多年，才能把40万根石柱运送完，工程如此巨大，没有特殊的动力是难以想象的！更奇怪的是，这处建筑显然尚未完工就突然被放弃了，石柱到处散落。这奇异的建筑到底如何建造？为何尚未竣工就被放弃了？谜底至今未解。

↑神秘的海岛石柱

新几内亚岛——动植物的伊甸园

这里是世界鳄鱼之都，这里有世界上最漂亮的袋鼠，已经灭绝了的极乐鸟在这里"复活"，这里的语言多达700多种——新几内亚岛！

新几内亚岛，别名伊里安岛，位于太平洋西部，澳大利亚以北，是太平洋第一大岛屿、世界第二大岛屿；面积约80万平方千米；热带季风气候；人口约47.5万，主要为巴布亚人。

新几内亚鳄鱼

鳄鱼之都

新几内亚岛上气候湿润，西南部多沼泽，鳄鱼养殖业非常发达，有300多个鳄鱼养殖场，养殖鳄鱼近2万条，咸水鳄和淡水鳄都有。当地人还喜欢把鳄鱼肉切成长条，用盐腌了，然后风干或者晒干吃，就像我们吃鱼一样。鳄鱼肉的味道有些像鸡肉，但鳄鱼活着的时候，可比鸡凶多了。

如果在新几内亚地区遇到鳄鱼怎么办呢？你可以勤点火以防鳄鱼；见到漂浮的枯树枝也要绕开走，因为那可能是一条窄吻鳄。如果被鳄鱼咬住，千万不要惊慌，用大拇指掐它们的眼睛，这些凶猛的家伙就会败走了。

↑ 贝尔普施六丝极乐鸟

失落的伊甸园

科学家在新几内亚发现了贝尔普施六丝极乐鸟，而这种极乐鸟曾被认为是灭绝了的物种。当这种小鸟向异性求爱的时候，它们头上的6根长10厘米的漂亮羽毛就会竖起来，不停地晃动。

传说，极乐鸟是一种住在"天国乐园"中的神鸟，它们吃的是天露花蜜，飞舞起来会发出一阵阵迷人的乐声，所以人们也把它们称为"天堂鸟""太阳鸟""风鸟"和"雾鸟"。全世界有40多种极乐鸟，而新几内亚就有30多种。

↑ 金披凤树袋鼠

新几内亚是世界上最漂亮的袋鼠——金披凤树袋鼠的发现地。金披凤树袋鼠是世界上十分罕见的树栖丛生类袋鼠，被认为是生活在高海拔地区的一个袋鼠新物种。

罕见的长吻针鼹也生活在新几内亚神奇的土地上。它们身上有稀疏的短刺，毛发较多，喙长而弯，没有牙齿，仅用舌头捕食虫蚁。它们昼伏夜出，行动笨拙，几乎是瞎子，且繁殖能力不强，是地球上最原始的现生哺乳动物之一。

↑ 长吻针鼹

　　金额园丁鸟是科学家在新几内亚岛发现的新物种，这种鸟在1825年首次得到确认。每当金额园丁鸟求偶的时候，雄鸟就会高高地构筑和装饰起巨大且精美的"五月柱舞池"来吸引雌鸟。

　　这里还有世界上最大的杜鹃花，芳香的白色花朵直径可达15厘米。

岛上人烟

　　新几内亚岛的居民有巴布亚人、美拉尼西亚人、西非几内亚人，还有4万多外来人口。他们皮肤黝黑，头发卷曲，分为1 000多个部族。据调查，这里的语言达700多种，是世界上语言最丰富的岛屿之一，交流起来十分不便。种植与养猪是他们的主要生计。在新几内亚岛，养猪越多越有钱。由于饲养猪是妇女的责任，所以男人们为了在族群中建立威望而广纳妻妾。

巴芬岛，位于加拿大拉布拉多—昂加瓦半岛与格陵兰岛之间，是加拿大第一大岛，世界第五大岛；面积约50.7万平方千米；人口约1.1万，主要为因纽特人。

巴芬岛——独角兽之岛

澄蓝的天空下，洁白的冰雪苔原覆盖着一座北极圈中的岛屿，传说中的独角兽在这童话一样的世界里留下过神秘的魅影，仙境般梦幻的独角兽之家——巴芬岛！

巴芬岛的"独角兽"

西方传说中的独角兽是一种神秘而优美的生物，其外表酷似一匹修长的白马，额前有一只充满魔力的螺旋角。据说，独角兽的角研磨成的粉末具有解毒功能，服下这种粉末可以抵御疾病，甚至能够起死回生。

传说独角兽生性凶猛、矫健灵活，难以捕捉，但是它们有一个致命的弱点，就是

↑ 传说中的独角兽

↑ 一角鲸

抵抗不住纯洁少女的诱惑。当独角兽看到一位纯洁少女独坐时，它就会温顺地走过去，躺在少女身边睡觉，也只有这种时候它们才会被捕获。

　　巴芬岛是世界上第一个发现独角兽的地方。1577年探险者马丁·弗罗比舍带队在巴芬岛躲避风暴，发现了一条身体圆滚滚酷似海豚的"死鱼"，它有一只2米长的独角破唇而出。当探险队员们发现其独角可毒死毒蜘蛛时，他们欣喜地认为自己发现了传说中的独角兽。

　　16世纪中叶，科学家们发现巴芬岛的"独角兽"原来是一种鲸鱼，即独角鲸，又叫一角鲸。它的"独角"实际上是雄鲸左边上颌的一颗牙齿。独角鲸的长牙不但非常坚硬，而且还可以向任意方向弯曲30厘米，上面布满了裸露的神经末梢，是非常敏感的感觉器官。

　　一角鲸长牙的功用尚不清楚，有人说它们是用长牙捅破冰层，寻找食物。也有人说，雄性一角鲸用长牙来争夺配偶。还有一种观点认为，长牙可以帮助一角鲸辨别海水中的盐分变化并判断冰层是否正在结冰，所以，失去了长牙的一角鲸有可能因此丢掉性命。

　　在西方古代，一角鲸的长牙被当做独角兽的角来出售，16世纪英国女王伊丽莎白一世就曾经收到一只价值1万英镑的长牙！现在，一角鲸的长牙仍是制作工艺品的名贵原料，一角鲸也因此遭到捕杀，数量急剧下降。为保护一角鲸，国际有关条约规定，只有因纽特人才能捕捉一角鲸。

北极风情

　　巴芬岛原始的自然风光秀丽，由于交通不便、人烟稀少，所以自然环境几乎未遭到破坏，一望无际的坚冰上覆盖着雪原，湛蓝的天空下是一片纯净世界。

虽然人烟稀少，但巴芬岛依然是北极圈中居住人口最多的地方，也常是北极探险队的基地所在。那里夏季不足60天，冬季长达10个月，因此是登山滑雪爱好者的天堂。

巴芬岛活跃着北极熊和苔原狼。巴芬岛的苔原狼是北极地区最小的狼，分布在巴芬岛各处。

↑巴芬岛苔原狼

巴芬岛名字的由来

1615年，英国探险家威廉·巴芬第一个成功环绕巴芬岛航行，后来这座岛屿便以他的名字命名。巴芬岛与格陵兰岛之间的海湾也被命名为巴芬湾。

↑圣诞岛的红蟹

圣诞岛 ——红蟹的王国

如果有一天，你在印度洋的一个小岛上看到大片的"红潮"从森林涌向海岸，千万不要惊慌，那是圣诞岛上的红蟹们一年一度的大迁徙。

圣诞岛，位于印度洋东北部、爪哇岛以南；面积135平方千米；人口约2 000，其东北部的飞鱼湾是主要的居民区。

红蟹王国

谁是圣诞岛真正的主人？当然非红蟹莫属。圣诞岛红蟹，又名圣诞地蟹，是一种仅在印度洋的圣诞岛和科科斯群岛（又称基林群岛）才有的一种陆蟹。据估计，圣诞岛上共有1.2亿只红蟹，是圣诞岛上15种陆蟹中最多的种类。这些红蟹中体重最大的能够达到3千克，若把岛上所有的红蟹体重相加，据说可达8 000多吨！

红蟹主要吃落叶和落花为生，也吃同类和其他动物。它们的甲壳呈圆形，螯通常是一样大小，用鳃呼吸，多居住在地洞之中以免日晒。

红蟹迁徙之谜

每当圣诞岛的雨季（10月或11月）来临时，红蟹就会大规模地从森林中向海边迁徙。可是迁徙谈何容易，在迁徙途中，很有可能遇到它们的天敌——会喷射腐蚀性酸液的黄蚂蚁而死于非命。若是碰上恶劣的天气，它们的征程将更加困难重重。那么，它们为什么要这样不计代价地大规模迁徙呢？原来，在旱季的大部分时间里，它们都躲在洞穴里，每当雨季来临，它们就要迁往海边产卵，这时就可以看到为了繁殖而迁徙的"红潮"涌向海边，非常壮观。

除了为圣诞岛增添一景，红蟹对圣诞岛还有更重大的意义。在迁徙的过程中，红蟹吃掉了许多落叶，它们的粪便又成为滋养树木的有机肥料。由于它们经常在树根处挖掘洞穴，也帮助树木疏松了土壤，利于树木的生长。这样，红蟹就为养分比较贫乏的热带雨林树木的生长起到很大的帮助作用，成为圣诞岛生物链上不可缺少的一环。

近年来，受人类活动和地球气候变暖的影响，红蟹的生存也遇到了危机。大约50年前，非洲长脚蚁随货船到达了圣诞岛，许多圣诞岛红蟹受到它们的袭击，数量大大减少。

两个"圣诞岛"

地球上有两个叫做"圣诞岛"的小岛，一个是澳大利亚的海外领地印度洋的圣诞岛，它因发现者英国威廉·迈纳斯船长登陆这里恰逢1643年圣诞节而得名；另一个圣诞岛则位于莱恩群岛之中，是太平洋上最大的环礁，于1777年圣诞节前夕被詹姆斯·库克船长发现，因此也被命名为"圣诞岛"。

↑澳大利亚圣诞岛风光怡人，白沙碧浪，旅游业非常兴旺。由于当地的水文环境适于垂钓，于是圣诞岛便成为垂钓的天堂。

军舰鸟

军舰鸟

　　除了红蟹，圣诞岛也是世界上最大的海鸟栖息地之一，600多万只海鸟在这里安家，是太平洋上最大的海鸟乐园。其中，最著名的要算是军舰鸟了，它们是世界上飞行速度最快的鸟类。发现鱼儿跃出水面，它们就会立刻俯冲叼食，有时，也直接去"抢劫"其他海鸟口中之食，因此又被称为"强盗鸟"。

加拉帕戈斯群岛——珍稀动物的乐园

这里靠近赤道却低温少雨，地处热带却可以看到企鹅，多种史前生物在这里依然可以寻觅，达尔文从这里萌发了进化论的灵感，珍稀动物的乐园——加拉帕戈斯群岛！

> 加拉帕戈斯群岛，别称科隆群岛、哥伦布群岛，位于太平洋东部、南美大陆西北部；由19个火山岛组成；面积7 994平方千米；人口约2万，主要为厄瓜多尔人。

独特的地理环境

加拉帕戈斯群岛虽然靠近赤道，但因受到秘鲁寒流的影响，温度较低，气候凉爽干燥。群岛上生活着700多种地面动物、80多种鸟类和许多昆虫，闻名于世的有象龟和大蜥蜴等。寒带的动物也经常出现在这里，如海狮、海豹、企鹅、信天翁等。

古生物云集之地

加拉帕戈斯群岛于1978年被联合国教科文组织宣布为"人类自然遗产保护区"，列入《世界遗产目录》，被称作"独特的活的生物进化博物馆和陈列室"。

加拉帕戈斯象龟又称山龟，是世界上现存陆生龟类最大的一种。龟壳长达1.2米，有200～400千克重，能背两三个人行走，寿命可达300岁。受加拉帕戈斯群岛上不同生态环境的影响，这里的象龟有许多不同形态的亚种。近些年，人类活动带来的家畜和老鼠吃掉了小象龟，因此象龟数量随着人类活动的增多而大大减少。

海鬣蜥也是加拉帕戈斯群岛上著名的史前爬行动物。它们是世界上唯一能适应海洋生活的鬣蜥，可以像鱼类一样在海中游弋、喝海水、吃海藻和其他水生植物。由于它们呈钩状的爪子比较锋利，所以，即使海上风浪较大，它们也可以安然地攀附在岸边的岩石上不被冲走。同时，它们的爪子也可帮助它们在有大海流的海底稳当地爬行，寻找食物。

企鹅

海鬣蜥

加拉帕戈斯象龟

"进化论"的诞生地

1835年，查尔斯·达尔文乘坐一艘英国海军测量船来到加拉帕戈斯群岛，通过对岛上象龟、海鬣蜥等动物尤其是啄木鸟雀的研究，使他开始对自然神学、上帝创世造物的观点产生质疑。

在对采集的标本进行深入分析和研究之后，达尔文终于认识到了生物的演化及其对环境适应的关系，并于1859年发表了旷世巨著《物种起源》，提出了生物进化理论。后来，人们为了纪念达尔文，在岛上建起了达尔文的半身铜像纪念碑和生物考察站。

加拉帕戈斯岛名演变

最初发现加拉帕戈斯群岛时，它被称为"斯坎塔达斯岛"（西班牙语意思为"魔鬼岛"）。后来人们发现了群岛上的加拉帕戈斯象龟，于是称之为"加拉帕戈斯群岛"，西班牙语意为"巨龟之岛"。厄瓜多尔统治该群岛之后，又改名为"科隆群岛"。

啄木鸟雀

马达加斯加岛——植物昆虫大观园

　　还记得电影《马达加斯加》里可爱的动物们吗？它们摆脱了动物园，来到了马达加斯加的野生生物世界里进行奇趣的冒险，现实中的马达加斯加岛会像电影里那么有趣吗？

　　马达加斯加岛，位于非洲以东的印度洋上，以莫桑比克海峡与非洲大陆相隔；是非洲第一大岛屿，世界第四大岛屿；面积58.7万平方千米；热带雨林气候和热带高原气候；人口约2 128万，由18个部族组成，主要信仰基督教。

神奇的猴面包树

波巴布树是马达加斯加的国树，其果实为灰白色的长椭球形，果肉多汁，味道略酸。果肉中多种子，可用来榨油。由于猴子和阿拉伯狗面狒狒都喜欢吃它的果实，因此这种树也被称为"猴面包树"。

猴面包树外形很奇特，像是倒生于地上。当地人传说，这是因为猴面包树在非洲"安家"的时候，没有听从上帝的安排，于是便被连根拔起，倒立在地上，成为"倒栽树"。

猴面包树高20米左右，直径可达15米以上，十分粗壮，要十几个人手拉手才能将其合抱，因此也被称为"树中之象"。 由于这种稀有植物没有年轮，所以很难确定它们的年龄。但最新研究显示，猴面包树已在地球上生存了400多年。

奇异的动物

岛上有20多万种动植物，许多都是地球上其他地方所没有的。

狐 猴

马达加斯加岛的狐猴是最原始的猴子，也是具有回声定位能力的哺乳动物。它们的身高为28～50厘米不等，以吃昆虫、果实、树叶为生，偶尔也吃小鸟；多栖息于热带雨林或干燥的森林或灌木丛中，是夜行动物。马达加斯加岛是狐猴们唯一的家，在世界其他地方，这种大眼睛的灵长类小动物已经消失了。

豹纹变色龙

豹纹变色龙是马达加斯加岛的长居者，它们体型较大，身上的颜色和花纹随温度和日光发生变化。雄性豹纹变色龙的头冠较雌性明显，且身上有一条白色的横纹。雌性的豹纹在繁殖时会变为淡橙色至粉红色，当它们怀孕或不想交配时，身上豹纹的颜色会变深。

↑豹纹变色龙

↑狐猴

↑长颈象鼻虫

↑长尾水青蛾

象鼻虫

象鼻虫也是马达加斯加岛的地区性动物，已知的1 300种象鼻虫几乎全部可以在这里找到。它们中的大部分是经济作物的害虫，也有无害的象鼻虫。它们会在秋天开始冬眠，直到来年春天才会醒来，而大约95%的象鼻虫会死在冬天。目前，科学家只发现了雄性长颈象鼻虫，它们身体的总长度不到3厘米，脖子却很长，这主要是为了适应筑巢而形成的身体特征。

长尾水青蛾

长尾水青蛾是一种彗尾蛾，也是世界上最大的一种蛾，雄性翼展有15～17厘米，头、胸、腹部均有白色的绒毛，翅膀为绿色，后翅的尾端呈燕尾状，也被称为燕尾蛾，非常美丽。

此外，马达加斯加岛上的牛比人还多，牛是当地畜牧业主要支柱。为了让牛吃上好的食物，当地人放火烧毁草地，结果导致世界上最稀有的陆龟——阿加诺卡龟的生存环境受损。在传统节日里，献祭的牛的数量成为衡量一个人财富的标志。在马达加斯加的马路上，汽车必须让道于牛群，"不得无故伤害牛"是当地人人都应遵守的规则。

马提尼克岛，别名马地尼那，意为"花的岛"；是加勒比小安的列斯群岛所属向风群岛中最大、火山最多的岛屿；面积1 130平方千米；岛上多岩石，海滩由黑或白或椒盐色的沙粒组成，风景如画；1946年3月19日成为法国的海外省，1982年后成为法国的一个海外地区。

马提尼克岛——能使人长高的岛

想要长高是许多人的梦想，尤其是男士，能拥有1.8米的身高对于很多男士都算是一种满足。可是，有一个地方，如果男士的身高只有1.8米，他们会被周围的人耻笑为"矮子"——马提尼克岛！

神奇的长高功效

在马提尼克岛，成年男子平均身高达1.90米，成年女子平均身高也超过1.74米，这种高度令人惊叹。然而，令人费解的是，每10年左右的时间，马提尼克岛上居住的成年男女都会再长高几厘米。

在马提尼克岛，不仅是人，就连动植物的增长也尤为迅速。岛上的蚂蚁、苍蝇、甲虫、蜥蜴和蛇等，都比通常的大，尤其是该岛的老鼠，竟长得像猫一样大。

有趣的是，从外地来的游客，只要在马提尼克岛住上一个时期，也会长高几厘米，这成为许多想要长高的人的福音。马提尼克岛每年吸引无数的旅游者前往，其中大部分是来自世界各地的矮个子。矮个子到此住上一个时期，通常会莫名其妙地长高几厘米，因此，人们称马提尼克岛为"矮子的乐园"。

探秘"巨人岛"

对于"巨人岛"的奇特现象，人们众说纷纭：

一些科学家认为，马提尼克岛上埋藏着大量的放射性矿物。而这种放射性物质，能够使人体内部机能发生某种特别的变化，从而使人身体增高。

另一些科学家则认为，这里地心引力小是使人长高的原因。他们列举了苏联宇航员的例子。苏联有两名宇航员，在"礼炮–2号"轨道复合体内生活了半年之后，每个人的身高都增加了3厘米，这就是失重和引力减少的结果。

然而，这两种理论都不足以令人信服。如果放射性物质的作用会使人长高，为什么长年生活和工作在放射性物质旁边的人不见长高呢？如果引力小能使人长高，为什么地球上引力小的其他地方却没有形成第二个巨人国？"巨人岛"马提尼克，至今仍是一个未解的自然之谜。

小龙山岛——中国的"蛇岛"

在茂密的灌木丛中，在乔木厚厚的落叶底下，在山石的石缝之中，在峭壁的洞穴里，到处隐约闪动着蝮蛇鬼魅般的身影。蝮蛇的王国——大连小龙山岛！

> 小龙山岛，一般称作蛇岛，别名礁腊、蟒山岛。位于中国辽宁省西部渤海湾中，面积0.8平方千米，温带湿润季风性气候。

众蛇的"梁山泊"

小龙山岛被称为中国的"蛇岛"，是世界上唯一只有一种毒蛇聚集的地方。在这不足1平方千米的小岛上，栖息着近2万条剧毒的蝮蛇，是国家级自然保护区。小龙山岛上气候湿润，植物茂盛，山石林立，多山洞石缝，非常适合爬行动物蛇类的生存。

小龙山岛也是候鸟往来的必经之地，这为蝮蛇提供了丰富的食物。岛上的居民视蛇为神明，不敢随便捕杀。因此，蝮蛇们便在这里祖祖辈辈地生息繁衍。

岛上的蝮蛇被叫做黑眉蝮蛇，是因其从眼睛到口角有一条黑褐色的宽眉纹。黑眉蝮蛇体长1米左右，体背为灰色，间有深色环纹。它们除了有很高的科研价值外，还

↑蛇影憧憧

有十分可观的经济价值。从蛇毒中提取的毒液可以入药，蝮蛇肉质鲜美，蛇皮可以制成工艺品。

　　小龙山岛的黑眉蝮蛇与岛上的自然环境形成了一个完整的生态系统，到20世纪50年代中期为止，岛上的蝮蛇有5万～10万条，然而，1958年6月蛇岛上发生一场持续了四五天的大火，大量的蝮蛇被烧死，蛇岛的动植物资源受到严重损失。改革开放后，蛇岛被列为国家级自然保护区，有专门的管理机构对黑眉蝮蛇以及岛上其他资源进行保护和利用。

丰富的动植物资源

　　小龙山岛不但是"蝮蛇的王国"，还有其他丰富的动植物资源。岛上的植被覆盖率达70%以上，植物种类多达200余种，主要为灌木状乔木、灌木植物和草本植物。岛上的动物有150多种，其中鸟类有47种。

神秘之岛

Mysterious Islands

　　散落在大洋中的无数海岛，不仅拥有浪漫迷人的风光、珍贵富饶的宝藏、稀有奇趣的动物，还会有一些难以解释的史前遗迹、产生一些神秘莫测的奇特现象、留下一些百思不解的历史谜题。这些就是笼罩着层层神秘色彩的神秘之岛。请跟随我们一起，慢慢揭开神秘之岛的面纱……

复活节岛，位于东南太平洋，南纬27° 07′，西经109° 22′，面积117平方千米，居民主要为波利尼西亚人，语言为西班牙语和拉帕努伊语。

复活节岛——"世界肚脐"的石像之谜

在东南太平洋一个偏僻小岛的海滨，矗立着数百个表情严肃、神态威严的巨型人面石像。它们整齐地站成一排，凝视着远方。这些巨型的石像从何而来？代表什么？又有什么用途？一个个令人百思不解的问题，赋予这个小岛一个独特的名字——神秘岛！

名称由来

复活节岛,当地人称"拉帕努伊岛",意为"石像的故乡";又名赫布亚岛,意为"世界之脐"。复活节岛众多不同的命名,与它被发现的历史和地理位置有关。

复活节岛

1722年4月5日,荷兰海军上将、荷兰西印度公司探险者雅各布·罗格文率领的一支舰队发现了位于南太平洋中的这个小岛,罗格文在航海图上用墨笔记下了此岛的位置。由于发现该岛这一天正好是基督教的复活节,他在旁边记下"复活节岛",从此"复活节岛"的名字为世人所知。

拉帕努伊岛:"石像的故乡"

"石像的故乡"这个名字的由来,自然是因为小岛上矗立着许多巨型石像。巨大的石像遍布复活节岛,据统计有1 000多尊,均由整块的暗红色火成岩雕凿而成,其中最重的达90吨、高9.8米,而且有的石像戴着巨大的红色石制的帽子,较大的红帽子有四五十吨重,最小的也重约20吨。这些石像都是没有腿的半身像,外形大同小异,长方形的头颅特别巨大,与身体不成比例,有的石像身上还刻有符号,像是纹身图案。它们个个额头狭长,鼻梁高挺,眼窝深凹,嘴巴噘翘,大耳垂肩,胳膊贴腹,有的列队眺望大海,有的东倒西歪。

赫布亚岛:"世界之脐"

大约100万年前,复活节岛由海底的3座火山喷发而成,地理位置与世隔绝。它隶属智利,东距智利西岸3 700千米,是波利尼西亚最东面的岛屿。美国的宇航员曾从太空观察,发现复活节岛孤悬在浩瀚的太平洋上,确实像一个小小的"肚脐"贴在地球表面。

复活节岛巨型石像之谜

制作并安置这些石像是一项十分艰巨的工程。有人做过精确的计算,认为雕刻这些石像,至少需要5 000个壮劳力;单制作一个中等大小的石人像,就需要15个工人干上1年。而且,拉动一尊8吨重的石像需要320个壮劳力,那些重达20吨甚至四五十吨的红帽子又是如何戴到石像头上的呢?

石像何时雕刻?

考古学家根据复活节岛上居民的语言特征,认为复活节岛居民最初是从波利尼西亚的某个岛上迁移过来的。波利尼西亚人到达复活节岛后,也将雕凿石像的风俗和技术带到复活节

岛上。由于祖先崇拜、阶级统治等多种原因，雕凿石像之风愈演愈烈。专家考证，石像的底座祭坛建于7世纪，到公元12世纪这一雕凿工程进入鼎盛时期，到公元1650年前后停止。

石像代表什么？

据科学考证，复活节岛上的石像并不代表神，而是代表已故的大酋长或宗教领袖。在古玻利尼西亚人心目中，这些人具有无比强大的神力，可以保佑他们的子孙，于是就用这种巨大的石像来表达祈愿和精神寄托。

石像如何运输？

根据雕凿现场留下的运输遗迹分析，科学家们认为当时的居民是这样运输石像的：在凿好的道路上铺满茅草和芦苇，然后用撬棒、绳索把平卧的石像搬到某种"大雪橇"上，再用绳子拉着"大雪橇"；到目的地后，也是利用绳索和撬棒将石像竖立在事先挖好的坑里。有关复活节岛石像的运输，还有很多种说法，但尚未有一个使大家信服的、科学的解释。

百慕大群岛——"魔鬼三角"灾难频发

在北大西洋中西部有一片神秘的海域，经过这里的船只、军舰、飞机经常莫名其妙地消失，有时甚至连船只或飞机的碎片都找不到，承载的人员活不见人、死不见尸。这就是令人恐惧的百慕大"魔鬼三角"。

百慕大群岛，简称百慕大，是英国在北美洲的海外领地，位于北大西洋中西部，在北纬32°14'~32°25'、西经64°38'~64°53'之间，距北美大陆917千米；由7个主岛以及350多个小岛和礁群组成，陆地总面积为53平方千米，其中主岛百慕大约占总面积的2/3。

大西洋

百慕大群岛

迈阿密

百慕大三角

波多黎各

墨西哥湾

加勒比海

百慕大三角

　　所谓"百慕大三角"，是指北起百慕大群岛、南到波多黎各岛、西至美国佛罗里达州迈阿密的一片三角形海域，面积约100万平方千米。

　　"百慕大三角"为什么叫做"魔鬼三角"呢？1945年12月5日美国第19飞行队的5架飞机15位飞行员在训练时突然失踪，当时预定的飞行计划是一个三角形，于是人们后来把美国东南沿海的西大西洋上北起百慕大、延伸到佛罗里达州南部的迈阿密、通过巴哈马群岛、到达波多黎各，再折回百慕大所形成的三角地区，称为百慕大"魔鬼三角"。

百慕大"魔鬼三角"的灾难

100多年来，在"百慕大三角"区已有数以百计的船只和飞机失事，数以千计的人丧生。当船舶、飞机进入这个"魔鬼三角"时，人们会看到奇异的闪光，罗盘会发疯似的乱转，操纵系统也因之失灵，与地面的无线电联系会莫名其妙地中断，以至于船（机）毁人亡。据统计，从1880到1976年间，发生158次失踪事件，其中大多是发生在1949年以后的30年间，曾发生失踪事件97次，至少有2 000人在此丧生或失踪。

探究百慕大"魔鬼三角"之谜

为什么在百慕大"魔鬼三角"会经常发生一些神秘的事件呢？科学家们在仔细研究后，提出了种种解释，比较有代表性的说法有以下几种。

物理解释

有人认为，百慕大的海底存在着巨大的磁场，会导致过往的飞机和轮船罗盘失灵，这种说法曾得到不少人支持。

还有人认为，百慕大海下有一条巨大的天然水桥，水桥形成了磁场引力。但"水桥"的存在终究是一种假说，因此磁场引力的说法也还有待于进一步证实。

也有人认为，地球上存在一种神秘的力量。这种力量叫做低内聚力，它时而消失，时而重现，游移不定，行踪莫测。低内聚力不仅能破坏无线电的正常工作、干扰罗盘，还能令人头痛，使人丧失判断能力，最后酿成惨祸。

宇宙解释

有人认为，"百慕大三角"有着类似于宇宙黑洞的现象，因此导致了飞机、轮船的消失。但"黑洞"是太空中的一种状态，在地球上是否存在，始终无从考证。

美国宇航员在"百慕大三角"上空，拍摄到不少照片，科学家仔细分析了这些照片，发现百慕大地区的海面，要比邻近地区的海面凹陷25米，于是人们推测：百慕大地区的海底可能积聚很多超重物质，这种物质会产生强大的吸力，将海水吸得下陷，如此一来，当船只行驶进这个下陷的海区，就很容易出事。

还有人认为，由于特殊原因，进入百慕大海区的船只和飞机很容易离开当今这个时代，进入过去或未来。理由是，1968年，当一架飞机穿越"百慕大三角"时，曾在雷达荧光屏突然消失了10分钟。因此，一位叫桑德拉的科学家认为："在短短10分钟里，飞机离开了我们的这个时代。因为时间的流速不是永恒不变的，当时间脱离正常运行的轨道时，就会把这段时间中的所有东西都带走。"

"幽灵潜艇"说

近年来有人认为，"百慕大三角"频频出事与"幽灵潜艇"有关。

1993年7月，英、美两国联合探险队在这一海域水下1 000米深处发现了一艘潜艇，其速度之快，远超世界各国已有的任何潜艇。后经查实，在这一天，世界各国根本没有任何潜艇在那一带执行任务，也就是说，这艘潜艇根本不可能是人类制造的。因此人们称之为"幽灵潜艇"。之后人们又多次发现它，甚至与它较量过，但都没有结果。

有人说，"幽灵潜艇"所显示的异乎寻常的能力是地球人所不可企及的。因此，"幽灵潜艇"可能是外星文明的创造物。

自转岛——会旋转的无人小岛

1964年，从西印度群岛传出一件令人瞠目的奇闻：一艘货轮上的船员，突然发现这个群岛中的一个无人小岛，竟然会像地球自转那样，每24小时自己旋转一周，并且一直不停。因此，这座奇特的小岛也被称为"自转岛"。

发现"自转岛"

1964年，一艘名叫"参捷"号的货轮航经西印度群岛，发现了一座无人小岛。这座小岛的面积非常小，船长命令舵手驾船围绕小岛航行一周，只用了半个小时。随后，船长带领着船员对小岛进行了巡视。这座无人小岛被茂密的植物覆盖着，到处是沼泽和泥潭，没有发现任何珍禽异兽和奇草怪木。船长随便选择了一棵树，在树干上刻下了自己的名字、登岛的时间和他们的船名，随后和船员们一起回到了原来登岛的地点。

然而，回到岸边的他们发现情况有点异常。一位船员指着远处叫了起来："奇怪，抛下锚的船为什么会自己走动呢！"大家这才发现，上岸前停在这里的船，现在已经在几十米之外的地方了。水手们大为惊异地回到船上，仔细检查先前抛锚的地方，发现铁锚仍然十分牢固地钩住海底，没有任何被拖走的迹象。大家纷纷议论着这件怪事，船长暗自纳闷：难道是小岛自己在移动？

船长和船员们再次上岛考察和验证，船长的怀疑被证实了：这座小岛确实在移动，确切地说，小岛在自行旋转。它每24小时自己旋转一周，就像地球自转一样有规律，并且持续不断地自转。

小岛自转之谜

为什么小岛会自己旋转呢？众说纷纭。正当人们为小岛自转的原因争论不休的时候，这座奇怪的小岛突然从海面上消失了，人们至今再也没能发现它的踪迹。或许小岛每24小时的自转确实与地球的自转有关，但真正的原因，只能留给人们去猜测了。

"会走路"的海岛——塞布尔岛

无独有偶，与"自转岛"一样令人百思不得其解的还有被称为"会走路"的海岛——塞布尔岛。塞布尔岛，位于加拿大哈利法克斯东南200多千米的大洋上，东西长约45千米，南北宽只有2千米，面积为80多平方千米。它一直不断地在大洋中浮动，其形状、大小以及位置经常发生变化。由于海湾和海流的冲刷，小岛的西边日渐缩小，而东边却不断向外扩展，每年都有新的浅滩形成。据专家测算，近200年来，塞布尔岛已经向东移动了10千米，每年移动的距离约为230米，因而它被称为名副其实的"会走路"的海岛。

马耳他岛——巨石搭建远古传奇

你见过史前的巨石神庙吗？你听说过深埋地下的史前建筑吗？你了解石器时代的太阳文明吗？在这儿都可以找到答案——马耳他岛。

马耳他岛，别名马尔蒂斯岛，位于地中海，面积246平方千米，地势西高东低，以低矮的丘陵与台地居多，最高海拔仅253米；距意大利西西里岛90千米，距非洲大陆300千米，扼大西洋通往黑海和经苏伊士运河达印度洋的交通要冲，素有"地中海心脏"之称。

发现史前建筑

1902年，在马耳他岛首府瓦莱塔一条偏僻的小路上，发生一件举世轰动的大事。一位居民在盖房时发现地下有一处洞穴，经考古考证，这里居然埋藏着一座史前建筑。之后，人们又接二连三地发现了30多处史前巨石建筑遗迹。其设计奇特、规模宏大，引起了人们强烈的兴趣，欧洲因此掀起一股"史前巨石建筑研究热"。

马耳他巨石神庙

在马耳他众多的史前建筑遗迹中，最为古老的是新石器时期的神庙遗迹。考古发现，一些建筑里面有黝黑的凹室，看起来很像神龛。另外，凹室中发现了一些平滑的石块，而石块组成的形态酷似祭坛。因而，考古专家猜测，它们是一些祭祀用的建筑，所以就把这些建筑物称作"神庙"。

马耳他的巨石神庙技艺精湛、规模恢弘、神秘莫测，最具代表的有以下三个。

吉干提亚神庙

这座神庙建于公元前3600年前，当地人称之为"戈甘蒂扎"，意思是"巨人的杰作"。

吉干提亚神庙面向东南，是用硬质的珊瑚石灰岩紧密衔接拼成的，高度达8米以上，被称为世界建筑史上最早运用拼接技巧建成的杰作。在神庙内部，使用的是软质石灰岩，便于雕琢精美的装饰。而最令人难以置信的是，神庙外墙的最后部分，所用的竟然是一块高达6米的完整石材。人们不禁好奇，在人类还没有发明任何机械的史前时代，这样巨大的石块是怎样运送到工地的呢？

哈加琴姆神庙

哈加琴姆神庙，不仅是当时建筑技术的极品，而且是最为复杂的巨石建筑遗迹之一。

考古发现，哈加琴姆神庙中很多石头的位置都是精心安排的，似乎有着令人难以理解的宗教意义。其中，有一块用做铺路的、长达660米的大石板，是马耳他岛所有神庙中最为巨大也最令人瞩目的超巨型石块。在通往神殿门洞的两侧，有一些用巨大的石块做成的"石桌"。而这些"石桌"到底是祭台还是柱基，同样没人能够解答。在这座神庙中，考古学家还发现了多尊母神的小石像，这可能与当时的母神崇拜有关。

穆那德利亚神庙

穆那德利亚神庙，位于马耳他西部，最鲜明的特征就是其形象的扇形结构。这种结构，加以峭壁的掩遮，大大增加了其抗拒风化侵蚀的能力，因而穆那德利亚神庙是马耳他神庙中保存最为完整的一个，同时也最为清晰地呈现出马耳他巨石建筑的特征。

据考证，穆那德利亚神庙大约建于4 500年前，又被称为"太阳神庙"，可能是一座远古时代的"太阳钟"，即根据太阳光线投射在神庙内的祭坛和石柱上的位置准确地显示夏至、冬至等一年中主要的节令。据说，至今"太阳神庙"的这项神奇功能依然存在。

于是，神奇的"太阳钟"又引发了人们新的猜测：在4 500年前，神庙的建造者们怎么能有那么高深的天文和历法知识，能周密地计算出太阳光线的位置呢？是否在马耳他岛上，也曾存在过文明程度比较高的史前文明呢？

↑ 马耳他巨石遗迹

撒丁岛 —— "努拉吉" 古老塔楼

你听说过迷宫式的塔楼吗？你见过用巨石堆积起来的截顶圆锥体吗？你相信不用任何黏合剂就建构起来高大的建筑吗？答案指向这里——撒丁岛的"努拉吉"古老塔楼。

> 撒丁岛，别称萨丁尼亚，是西地中海第二大岛，位于意大利半岛海岸以西200多千米处，北距法国的科西嘉岛12千米，南距非洲海岸200千米；面积2.4万平方千米；属典型的地中海式气候；1861年成为意大利的一部分。

撒丁岛"努拉吉"

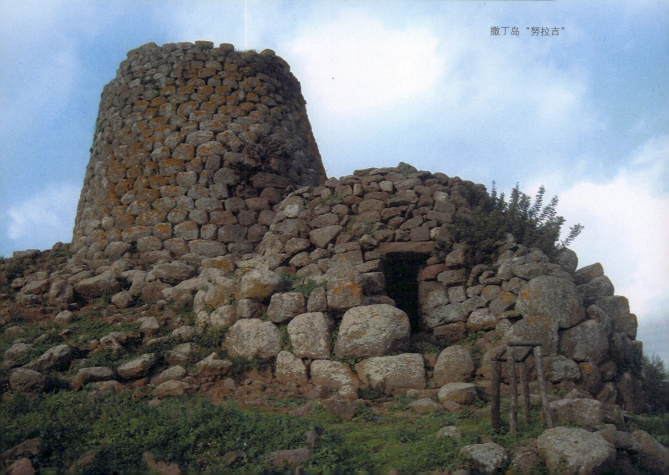

特色"努拉吉"

在撒丁岛上，分布着许多令人叹为观止的古老塔楼。这些塔楼是用取自死火山的巨大玄武岩块，没有用任何黏合剂，直接堆砌成截顶圆锥体的特色建筑。这种用料巨大而又工艺精细的塔楼，就是撒丁岛上的象征性建筑——"努拉吉"。

考古专家认为，"努拉吉"的建造大约在公元前1500～前400年之间。而如此历史悠久的"努拉吉"，在撒丁岛上发现了7 000多例。

建于史前时期的"努拉吉"，其建筑工艺丝毫不亚于古埃及的金字塔。一个典型的塔楼建筑群有一个高约30米的中心塔，状如碉堡，周围紧密环绕着2～4座塔，中心塔与其他塔之间有巨大宽广的顶层平台相连；塔楼群外有很长的椭圆形厚重围墙环绕，古塔墙和围墙都有3米厚，围墙顶部每隔一短距离就有一个碉堡，外墙顶楼的平台通道把这些碉堡连在一起，整个外墙远望犹如中国古长城的袖珍版。

"努拉吉"的城墙是同心圆的形状，最大的石头放置在其底部，其他的石头以更加紧密的圆周状向上层层叠起，巨石与巨石之间没有任何黏合剂，却嵌合得十分严密。这些截顶圆锥形的塔楼通过巨石筑成墙紧紧相连，每组塔楼都酷似一个变幻莫测的迷宫。塔楼的入口并非修建在地面上，而是建在塔楼的半腰中，人们必须从地面爬上吊桥，踏上高墙，经过一段开阔的平台，再跨过一道拱门，才能进入塔楼。

"努拉吉"之秘

在撒丁岛发现的这么多"努拉吉"，到底是做什么用的呢？据专家推测，古塔楼最早可能是普通的住宅和宗教集会场所，后来撒丁人为了抵御外族入侵，而将其改建成了防御工事。

如此技艺高超的"努拉吉"，又是谁建造的呢？据考证，公元前1500年前后，一群殖民者来到撒丁岛，带来了先进的建筑工艺、精美的陶器和完善的宗教信仰，但他们从何而来，却不得而知。

那时的人们是如何开采和运输建造"努拉吉"的巨石的呢？在没有任何黏合剂的情况

快乐之乡

因为撒丁岛历史悠久，环境优美，饮食健康，所以在撒丁岛生活的居民普遍长寿。撒丁岛居民还保留着传统的家庭模式，家族比较庞大，家庭成员可以共同分享生活的喜悦，共同解决生活中出现的问题，所以家庭中的长者不会因为上了年纪而感到孤独。因而，在撒丁岛生活的居民，一般都能保持快乐的心情，以积极的态度面对生活，使得那里的许多老人能够"永葆青春"。

下，一块块巨石又是如何被堆砌起来的呢？这些堆砌起来的巨石又是如何形成截顶圆锥体呢？人们在惊叹"努拉吉"的同时，也不得不承认，这些谜团至今未解。

撒丁岛的特色食物

撒丁岛上盛行饲养猪、牛、羊等家畜，因而岛上的特色食物主要是优质的肉、奶酪和各种面包。在撒丁岛，最常见的就是居民以牛奶制成乳酪，加上自制的蜂蜜，涂在面包上食用。

沙丁鱼古希腊文为"sardonios"，意即"来自撒丁岛"。沙丁鱼不仅生长快、繁殖力强，而且肉质鲜嫩、脂肪含量高。撒丁岛的居民，几乎都会烹饪这种美味，沙丁鱼无疑是难以抗拒的撒丁岛特色美食。

↓撒丁岛建筑

克里特岛，位于地中海北部，面积8 300平方千米，是希腊第一大岛。克里特岛是爱琴海最南面的皇冠，是诸多希腊神话的发源地，是希腊文化、西方文明的摇篮，也是最古老的欧洲文明——米诺斯文明的中心。

克里特岛——湮灭的米诺斯文明

你知道古希腊文明的"海上花园"吗？你听说过地中海上最古老的"米诺斯文明"吗？你想要目睹希腊神话中的"克诺索斯迷宫"吗？这种种神秘的文明遗迹就在克里特岛。

克里特岛："海上花园"

克里特岛上有山地和深谷，还有断崖、石质岬角及沙滩构成的海岸。这里属于典型的地中海气候，风和日丽，植物常青，岛上种有橄榄、葡萄、柑橘等，鲜花遍地盛开。小岛四周万顷碧波，因而有"海上花园"之称。

克里特岛之光：米诺斯文明

米诺斯文明，也译作弥诺斯文明或迈诺安文明，是爱琴海地区的古代文明，出现于古希腊迈锡尼文明之前的青铜时代，"米诺斯"这个名字源于古希腊神话中的克里特国王米诺斯（Minos）。该文明的发展主要集中在克里特岛，以精美的王宫建筑、壁画及陶器、工艺品等著称于世。

米诺斯文明的起源几乎不为人知，因其留下的文字记载不多，而且使用的是至今未能解读的线性文字，使得我们无法对这一灿烂的文明深入了解。米诺斯文明到底是如何毁灭的，也是史学界争论的焦点之一，有人认为毁于地震，有人认为毁于火山喷发，有人认为毁于人为因素。

克里特岛文明遗址：克诺萨斯王宫

20世纪初，在克里特岛的北部发掘出克诺萨斯王宫遗址。整个王宫倚山而建，地势西高东低，庭院以西的楼房有两三层，而以东楼房则有四五层。如果从东麓远望王宫，可以看见整个王宫层层高耸、门窗柱廊参差罗列，这派雄伟的景观在古代王宫中也十分罕见。

克诺萨斯王宫的中心部分，是一个长60米、宽30米的长方形庭院。它有天井取光，三面构成的柱廊，梯道宽阔，彩绘艳丽。而围绕着中央庭院的，是由楼梯相连而成的东、西两院。东院的楼房一般是寝宫、客厅、学校与作坊，而西院的楼房则主要用于办公、集会、祭祀和库存财物。整个克诺萨斯王宫，建造得宏大华丽，反映了当时的国王即传说中的米诺斯王势力的强大。作为克里特文明最伟大的创造，克诺萨斯王宫不仅是米诺斯王朝的政治、文化中心，也是宗教、经济中心。

→克里特遗址

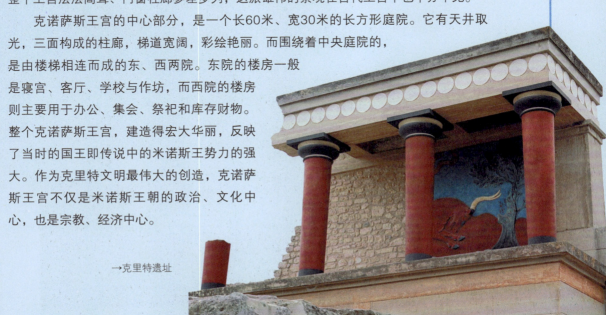

地中海风光

↑克诺萨斯王宫壁画

↑忒修斯与米诺牛角斗

克里特岛迷宫的传说

古希腊神话中有这样的故事：克里特岛的米诺斯国王让巧匠代达罗斯为他修建一座迷宫，以便关押妻子生下的牛头怪物，并下令全国，每年进贡一定数量的童男供牛头怪物食用。后来，雅典的王子忒修斯混在进贡给怪兽的童男中，杀死了这头牛头怪物。这一传说引起了诸多考古学家的兴趣，不少人相信迷宫确实存在过，还有人认为挖掘出的王宫遗址就是传说中的迷宫。

然而，也有学者提出了反对意见。德国学者沃德利克指出，这个建筑并非是王宫或迷宫，而是王陵或是贵族坟墓。虽然近百年的考古挖掘从未在这里发现过墓葬或遗体，但沃德利克提出的一个重要问题始终没有解决：为什么在王宫范围内没有厨房、马厩之类的房舍呢？

克诺萨斯王宫的发现

1900年，英国考古学家阿瑟·伊文思率领考古队来到克里特岛，经过3年的艰苦挖掘，在岛上一座名为凯夫拉山的缓坡上发现了占地22 000平方米的克诺萨斯王宫的遗址。

圣拉法埃尔岛——恐怖的"鬼火""鬼叫"

在加勒比海上，有这样一个神秘小岛，每当夜幕降临，在离这个小岛不远的海面上，总会发出一种奇怪的呻吟声，并不时闪烁着一种神秘玄妙、忽明忽暗的"鬼火"。这个令人胆寒的小岛就是圣拉法埃尔岛。

恐怖的"鬼火""鬼叫"

每一个到过圣拉法埃尔岛的游人，几乎都会听岛上居民津津乐道地讲述一种奇怪的现象。

每当夜幕降临，在圣拉法埃尔岛周围的海面上，会时不时地出现星星点点的亮光。有时像烟幕弹似的突然闪烁，有时像灯塔似的长明好几分钟，有时还带着淡淡的色彩闪烁着照亮一小片海域……这种种神秘的亮光，在一片黑暗的海面上仿佛"鬼火"般忽暗忽明，难以捉摸，令人百思不得其解。

与此同时，还能隐约听到"依依""呀呀"的呻吟声，这种声音时大时小，时高时低，有时仿佛笑声，有时又似啼哭。这些奇怪的声音整夜在空中回荡，伴随着阵阵海风，时远时近，让人听了毛骨悚然。

"鬼火""鬼叫"的传说

传说，那时隐时现的"鬼火"，是几世纪以前英国赫赫有名的大海盗摩根丢在海底的宝藏发射出来的。那阴森恐怖的"鬼叫"，其实是财宝的主人为了恫吓企图前来探宝的人而发出的。

"鬼火""鬼叫"之谜

圣拉法埃尔岛的奇异现象，引来了美国康内狄格大学的一支考古队。这支考古队在考古学教授罗尼·斯图尔特率领下，一直在这一带海区努力寻找英国海盗摩根丢失在海底的巨大宝藏。然而，宝藏未曾找到，却意外地发现了另一座意想不到的宝库：这是一座加勒比海乃至全世界目前发现的最丰富繁茂的海洋动物园和植物园。

"鬼火"之谜底

原来，那神秘的光亮是从海底茂密的树状珊瑚礁（下称珊瑚树）中发射出来的。透过明亮的海水，可以清楚地看到那些五彩缤纷、秀美奇丽的珊瑚树，它们互相交错，形成了一张非常细密的天然大网。

由于珊瑚树丛对海水的不断过滤，这些微生物就留在珊瑚树上，越积越多，形成了一个巨大的海下微生物乐园。各种各样的海洋动物在这里和睦相处，共同生活在海底奇特的洞穴里。这些洞穴是海水在珊瑚礁间冲击而成的，每个洞穴的四壁都被许多红色、绿色和黄色的海绵、海星等装饰着，一旦夜幕降临，它们便会发出亮光，远远望去，犹如"鬼火"闪烁。

"鬼叫"之谜底

圣拉法埃尔岛海域中，最引人注目的还是"秋牡丹花"海葵，一簇簇五颜六色，多姿多彩，在这些"花丛"中，经常有一种名叫小丑鱼的鱼群往来出没。在奇形怪状的暗礁中，时常隐藏着一种能够致人死地的海鳗。它们是海底花园中的强盗，生性狡猾，牙齿锐利，在漆黑的夜色中，为了引诱食物，它们会发出一些奇怪的声音，这就是圣拉法埃尔岛常有"鬼叫"的原因。

鲁滨逊·克鲁索岛——鲁滨逊到过的岛

笛福小说《鲁滨逊漂流记》中的故事家喻户晓，这个神奇的冒险故事是真的吗？现实中是否有鲁滨逊的人物原型呢？历史上真的有过黑人"星期五"这个人吗？探索智利小岛鲁滨逊·克鲁索岛，会揭开这一切的谜底。

鲁滨逊·克鲁索岛，别称鲁滨逊漂流岛、马萨蒂埃拉岛、绝望岛、希望岛，位于智利海港瓦尔帕莱索以西的南太平洋上，长约19千米，宽约11千米，是胡安－菲尔南德斯群岛中的第一大岛。

《鲁滨逊漂流记》与鲁滨逊·克鲁索岛

1704年，一艘叫"五港号"的船来到南太平洋进行私人考察，船上的领航员亚历山大·赛尔柯克因与上司发生争吵，带着火枪、刀斧、烟草等必备之物独自离开大船，登上了鲁滨逊·克鲁索岛，从此在荒岛上独自过了4年多野人般的生活。

1709年，途经此地的英国船队搭救了他。1711年他回到英国，并把自己的经历告诉了作家笛福，于是笛福根据他荒岛生活的经历，写成了著名小说《鲁滨逊漂流记》。而荒岛鲁滨逊·克鲁索岛也一举成名，吸引着世界各地的游人。

《鲁滨逊漂流记》中的荒岛生活

在小说《鲁滨逊漂流记》中，喜欢航海冒险的鲁滨逊不顾家人的反对，一次次地去航海探险。在一次去非洲贩卖黑奴的航行中，他所乘坐的船在无名岛上触礁，同伴们都淹死了，只有他一个人被海浪卷到岸上，保住了性命。

荒岛杳无人烟，鲁滨逊如何生存？

幸运的是，他很快就找到了失事的船，并在船上找到了一些粮食和肉类，还有几支枪以及木板、绳子、锤子等生存工具。艰难的生活环境并没有吓倒鲁滨逊，他开始采摘野果，并把野葡萄晒成葡萄干，猎捕野山羊并圈养它们，杀了腌着或是熏着吃；为了贮存淡水，他用了几个月的时间挖了几个地窖；他把大树砍倒，制成木料，做成独木舟等野外生活所必需的生活用品。在12年与世隔绝的生活之后，鲁滨逊偶然发现一群野蛮人打算吃掉抓住的俘虏，于是鲁滨逊用枪救下了一名黑人俘虏，并为他取名"星期五"。"星期五"成为鲁滨逊荒岛生活中的伙伴。鲁滨逊就这样一直在荒岛过着原始的生活，直到28年后，才跟随经过的航船离开荒岛回到英国。

小岛今日风貌

鲁滨逊·克鲁索岛上怪石林立，树木葱郁，沟深谷幽，银色的沙滩边摇曳着椰林，风景迷人却又荒无人烟。

现在，赛尔柯克在鲁滨逊·克鲁索岛上住过的山洞被称为"鲁滨逊山洞"，他当年燃起烽火求助的岩石被称为鲁滨逊·克鲁索瞭望台。1868年，英国军舰"托帕兹"号的全体官兵还在这里建立起了赛尔柯克纪念碑。

历经一段奇幻旅程、饱览众多海岛后，心中是不是仍在感慨大自然的神乎其神？21世纪"蓝色号角"响彻全球，唤醒人们对海岛开发利用的高度关注。

　　但与此同时，海岛遭受的威胁却不容忽视：资源过度开发，海岛生态不堪重负；温室效应、海平面上升，海岛渐成"失落的天堂"。让你我一起，守护海岛，保护生态，传承圣洁与纯净！

致　谢

　　本书在编创过程中，良友书坊臧杰，中国海洋大学刘邦华、杨立敏，田穗兴、程爽、田雨等同志，在资料图片方面给予了大力支持，在此表示衷心的感谢！书中参考使用的部分文字和图片，由于权源不详，无法与著作权人一一取得联系，未能及时支付稿酬，在此表示由衷的歉意。请相关著作权人见到声明后与我社联系。

　　联 系 人：徐永成
　　联系电话：0086-532-82032643
　　E-mail: cbsbgs@ouc.edu.cn

图书在版编目（CIP）数据

奇异海岛/丛溪，陈娟主编. —青岛：中国海洋大学出版社，2011.5（2013.3重印）
（畅游海洋科普丛书/吴德星总主编）
ISBN 978-7-81125-675-8

Ⅰ.①奇… Ⅱ.①丛… ②陈… Ⅲ.①岛-青年读物 ②岛-少年读物
Ⅳ.①P931.2-49

中国版本图书馆CIP数据核字（2011）第058776号

奇异海岛

出 版 人	杨立敏		
出版发行	中国海洋大学出版社有限公司		
社　　址	青岛市香港东路23号		
网　　址	http://www.ouc-press.com	邮政编码	266071
责任编辑	郑雪姣　电话　0532-85901092	电子信箱	xjzheng2007@yahoo.cn
印　　制	青岛海蓝印刷有限责任公司	订购电话	0532-82032573（传真）
版　　次	2011年5月第1版	印　　次	2013年3月第3次印刷
成品尺寸	185mm×225mm	印　　张	9
字　　数	80千字	定　　价	26.00元